日本の漁業が崩壊する本当の理由

片野 歩
Ayumu Katano

ウェッジ

目次

第3章 世界の成功例から具体的な政策を考える

カバーイラスト：おおさわゆう

はじめに

「知りながら害をなすな」

マネジメントの父と呼ばれる米国の経営学者、ピーター・ドラッカーの言葉です。日本は魚に関心が高く、また世界でもっとも魚を食べる国のひとつですが、残念ながら日本人は日本、そして世界の魚がどうなっているのかについての正しい情報を、ほとんど持っていません。

わたしたちは学校の授業などを通じて、「日本の漁業は200海里の漁業専管水域が設定されたことで、遠洋漁業が衰退し、近海で獲れる魚も減っている。後継者が少なく、高齢化が進んでおり、漁業は大変厳しい産業である」と習ってきました。しかし、世界全体では、水揚げ数量は右肩上がりに増加しています。日本の海は世界でもっとも豊かな漁場のひとつで、ＥＥＺ（排他的経済水域）の広さは世界第6位という好条件にもかかわらず、日本の水揚げ量は世界の潮流に逆行するように減少しているのです。いったいなぜなのでしょう。

筆者は20年以上、毎年のようにノルウェーを始めとする北欧諸国を訪問し、数多くの漁業や水産加工の現場、そして漁業で発展していく町の姿を見てきました。同時に、日本各地の水産業の現場も見てきました。北欧、北米、オセアニアなどの漁業先進国の統計数字、グラフ、写真などを日本と比較すると、日本の魚を取り巻く問題が簡単に浮き彫りになってきます。その内容は、多くの人にとって驚くべきものです。

本書ではまず、第1章は、Q＆A形式で、あまり知られていない「魚を取り巻く現状」の説明をします。第2章は、漁業関係者の座談会です。実際にどんなことが考えられているのかを語り合います。第3章では、取り入れたほうがよいと考えられる政策を具体的に、海外の成功例をもとに考察していきます。漁業先進国の政策の根本にあるのは、サステナビリティ（持続可能性）を担保するために、科学的根拠に基づいて資源管理を行うことです。漁船や漁業者ごとなどに漁獲枠を分ける「個別割当方式」などの事例を上げながら、日本のとるべき政策を論じていきます。

現在の日本の水産資源管理方法は、伝統的な「自主的管理・共同管理」がほとんどです。水産業界紙などでは「水産業の将来は明るい」「日本の水産資源管理はよくできている」という類の記事を見かけますが、だとしたら漁師の子どもの多くは、なぜ親の仕事を継がないのでしょう。魚の獲り方を漁業者が話し合って自主的に決めるというのは、ごく少数の例外を除いて非常に難しいものです。漁業先進国でも、いまとなっては当たり前となっているサステナビリティを実現する道のりは、決して容易ではありませんでした。

筆者は、2015年に米国ニューオリンズで開催された水産物のサステナビリティを議論する国際会議である第12回シーフードサミットで、日本人初の最優秀賞（シーフードチャンピオン）を個人として、政策提言（アドボカシー）部門で受賞しました。第12回のシーフードサミットには、23カ国から514名が参加し、盛況を呈していました。そのような場で、なぜバックになにも持たない個人が、国際的な団体、企業、人物、政治家などの中でファイナリストに選ばれ、日本人として初の受賞ができたのでしょう。それは、わたしが訴えてきた資源管理に関する日本と海外の比較が、世界の人たちに驚きをもって受けとめられたからなのです。

『論語』にこんな言葉があります。「過ち（あやま）て改（あらた）めざる、是（これ）を過ちと言う」。

日本の魚も、漁業も水産業も、非常に高い潜在力を持ちながら、海外の成功事例に学んでいないために崖っぷちに立っています。そのために、どれだけの国家的チャンスロスをしてきたか、漁業や水産業の衰退が、みなさんの生活にどれほどの影響を与えてきたのか……。

海外の成功例に学び、資源管理のやり方を変えていかねばならないことはわかっていても、それを行動に移しにくい関係者が多くいることを筆者は知っています。勇気を出して変えていくためには、多くの正しい情報が必要になります。

消費者は、とても大きな影響力をもっています。未来へ日本の魚を残していくために、どのように魚を獲り続けていけばいいのか。本書は、魚に少しでも関心がある方々の力が「世論」を変えていくための手助けとなることを目的としています。

第1章

知られざる日本と世界の漁業の実態

魚って減っているの？　どうして減ったの？
日本だけなの？　どこが問題なの？
ニュースを見ているだけではよくわからない
疑問点を、Q＆A形式でわかりやすく解説。

その1　日本の魚はどこへいった？

Q　日本の魚は減っているのでしょうか？

A　本当です。皆さんが知らないうちに、日本の海の魚の量は大きく減っています。

「魚が減ってしまった。昔はあんなにたくさんいたのに」といった話は、全国の漁業関係者の間でよく聞く話です。『水産白書』のアンケートでは、約9割の漁業者が「水産資源が減ったと感じている」と答えています。実際の水揚げ数量は、1984年の1282万トンを最高に、数年間ピークが続きましたが、その後右肩下がりが続き、2017年は430万トン弱と、この半世紀で最低の水揚げ数量になっています（図1）。まるで富士山のふもとが広がっていくようなグラフです。

1977年の「200海里専管海域」の設定により、遠洋漁業は漁場が減って漁獲量が減っていますが、実際には漁獲全体のピークは1980年代であり、その後に減少が始まっていることがわかります。

図１　日本の漁業の水揚げ数量の推移

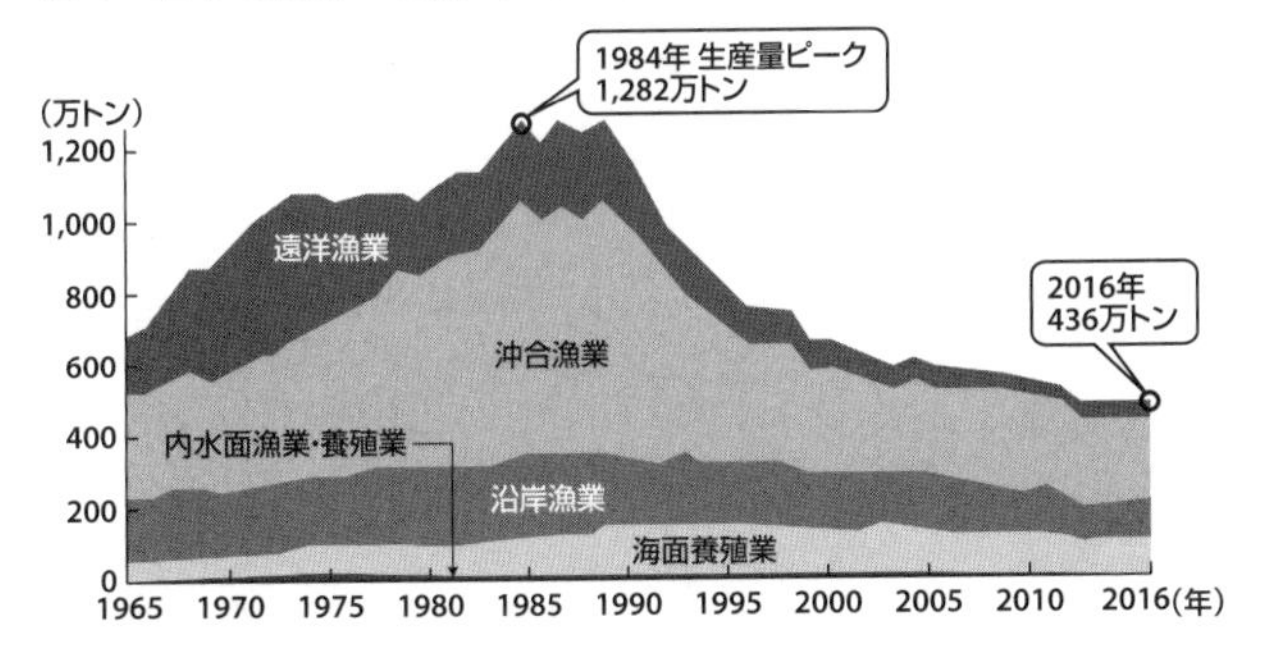

図２　日本の漁業の水揚げ金額の推移

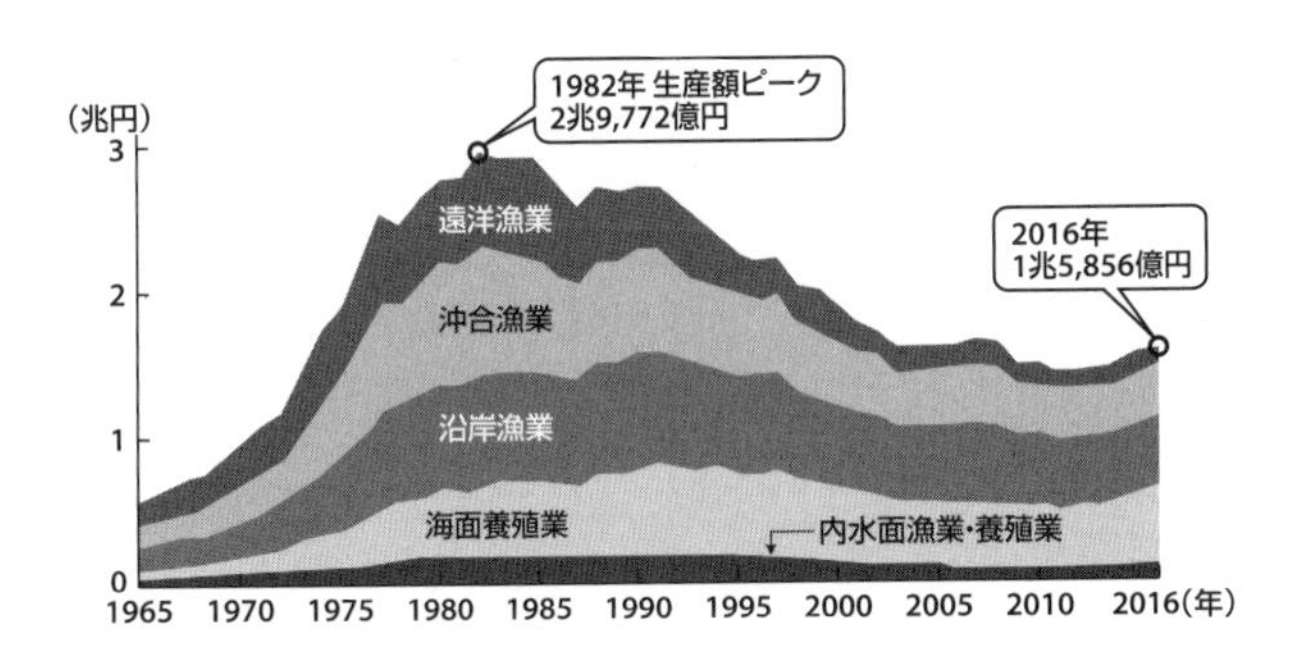

図１・２　養殖業、沿岸漁業の水揚げ数量はそれほど増減がないが、沖合漁業、遠洋漁業は 1980 年代以降、水揚げ数量、水揚げ金額ともに減少している。出典：水産庁編『水産白書』平成 29 年版をもとに作成（図 1、2 ともに）

Q　日本の海は、世界的に見ても豊かな海ですよね？

A　世界三大漁場のひとつと呼ばれるほどの好漁場です。いや、「でした」と言ったほうがいいかもしれません。

東日本大震災の震源地である三陸沖は、世界の三大漁場のひとつ、北西太平洋海域に含まれており、さらにその中でも「一番豊かな海」と言われています。わたしたちにとっては、新鮮で種類も豊富な水産物とその加工品が店頭に並んでいるのは日常の光景です。欧米で魚を売る店に行くと水産物はそれほど多くなく、日本人がいかに多種多様な水産物を食べているか、よくわかります。

日本の海は１９７２年から、１９８８年に中国に抜かれるまでの間は、世界最大の漁業国でした。それが現在、魚は減り続け、栄えていた港町は衰退し、若者は職を求めて都会に出て行っています。

Q　魚が減る理由は、種類によって違うのですか？

A　減る理由はさまざまですが、保護の方法はひとつです。

ここからは、主だった魚の種類ごとに、世界との比較を交えながら、具体例を説明していきましょう。

全体として日本の魚は減り続けていますが、ブリ、サワラといったように増えている魚種もあります。また2011年3月11日の東北大震災によって漁獲が一時的に減り、その結果、マサバ、マダラ、ヒラメなど資源が増えていると考えられる魚種もあります。魚が減っている理由は、種類や海域によって異なるのです。

しかし、水産資源の管理という面において、減った魚をどうやって保護すればいいのかは基本的に同じです。卵を産む親をどれだけ残していけばよいかを考えて、獲る量を制限できるかどうかがポイントです。欧米、オセアニアといった漁業先進国では漁獲量を制限する「漁獲枠」を設定、漁業者が小さな魚を意図的に避ける制度（個別割当制度、73ページ参照）を運用しています。

Q　太平洋のクロマグロは、なぜ絶滅危惧種になってしまったのですか？

A　乱獲が続き、いまだに有効な対策がとられていないからです。

クロマグロは体重が４００キロにもなる「マグロの王様」。味も、マグロ類の中でもっともおいしく、価格も一番高いマグロです。

クロマグロは太平洋で獲れる「太平洋クロマグロ」と、大西洋で獲れる「大西洋クロマグロ」のふたつに分けられますが、どちらも最高級のマグロ。ともに消費の約８割は日本といわれています。太平洋クロマグロは南西諸島の周辺や日本海で産まれ、メキシコ・米国西海岸を通って日本へと大回遊します。漁獲しているのは大半が日本、ほかにはメキシコ、韓国といった国々です。

太平洋クロマグロの水揚げは乱獲により減少を続けていて、２０１４年に国際自然保護連合（ＩＵＣＮ）が「絶滅危惧種」に指定しました。ＷＣＰＦＣ（中西部太平洋マグロ委員会）は２０１４年９月に、２０１５年の漁獲量を重量30キロ未満のマグロ（小型魚）に関しては２００２～２００４年の漁獲量の半分に決めました。これは新

図３　太平洋クロマグロの親魚資源量の推移

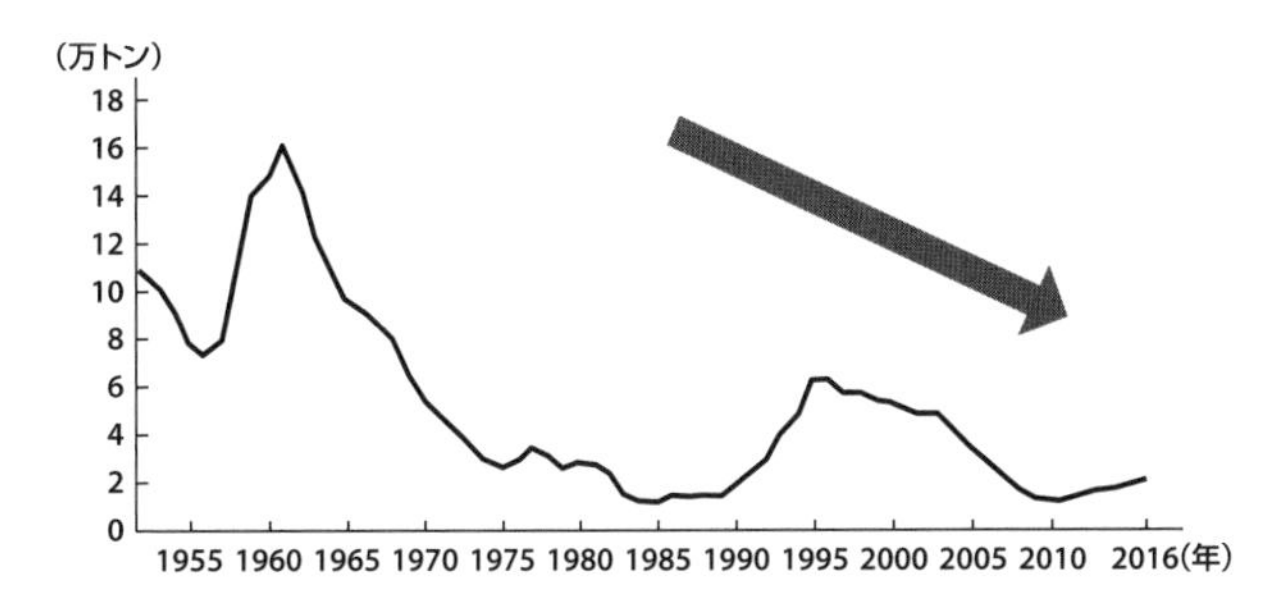

現状は、初期資源量（漁がなかった頃の資源量）の3.3％しかないと考えられている。
太平洋クロマグロの2018年の資源評価（IATTC資料）をもとに作成

聞でも報道され、「半分」という言葉がひとり歩きしました。

この計算は不思議なことに、今から10年以上前のマグロがたくさん獲れていたころを基準にしています。２００２〜２００４年の平均漁獲量は８０１５トンで、その半分は４００７トン。最近３カ年の漁獲量の平均、４４９２トンとほとんど変わりません。しかも、半分に制限するのはあくまでも小型魚だけ。この規制に近年漁獲を増やしていたメキシコや韓国には影響がありますが、資源が絶滅してしまったら元も子もありません。

日本のクロマグロ漁は、重量が30キロ未

満のものが水揚げ尾数の実に98・8%を占めます。見つけたら、小さくても容赦なく獲ってしまうからです。色が淡く、クロマグロとしては価格が安いもので、「メジマグロ」「ヨコワ」「本マグロの子」などといわれているマグロがそれです。

クロマグロは20年以上生きる、寿命が長い魚です。30キロのクロマグロは、見た目は大きいのですがまだまだ子ども。30キロの3歳魚で、成魚になっているのはわずか2割といわれています。5歳魚、90キロになって初めて全部が親になるのです。

たとえば資源の減少で1986年から実質的に禁漁していたノルウェーは、大西洋クロマグロの資源回復にあわせ、約30年後の2014年に漁を再開しました。2016年は重量170~300キロの大物190本の水揚げがあり、日本にも空輸されてきました。大きいものが獲れたのは決して偶然ではなく、小型の群れは見つけても獲らずに我慢して、大きく育ったマグロを狙うからです。

Q　なぜ日本のスケトウダラだけが減り続けているのでしょう?

A　自主的な資源管理が、とっくに限界にきているからです。

スケトウダラは、ちくわやカニカマなど練り物の原料として、欠くことができません。その卵がタラコ（助子）で、明太子にもなります。広くタラコと呼ばれて店に並んでいるのは、スケトウダラの卵で、マダラの卵ではありません（マダラの卵は「マダラ子」と呼ばれ、何倍も大きくて食感も劣ります）。単一の白身の魚種として、世界でもっとも多く漁獲されているのがこの魚です。

現在、ベーリング海のスケトウダラ漁は、年間300万トン程度の水揚げで、米国とロシアがそのほとんどを占めています。しかし1977年に200海里専管海域が設定される以前は、日本はベーリング海で1国だけで年間300万トンものスケトウダラを漁獲していました。

200海里漁業専管水域が設定されると、日本のトロール船はアメリカ・ソ連（当時）のEEZ内のスケトウダラ漁場から出ていかねばならなくなります。後に「ドーナツホール」と呼ばれるベーリング公海（公海とはＥＥＺに入らない海域）でスケトウダラの好漁場を発見、年に約１００万トンもの量を日本船が韓国、ロシア、ポーランド、中国船とせり合いながら１９８６年から１９９０年にかけて漁獲しますが、わずか５、６年で獲り尽くしてしまい、１９９４年以降、ドーナツホールでのスケトウダラ漁は停止となっています（図５）。

遠洋漁業でひたすら攻め続けて獲る魚がなくなり、窮地に追い込まれる日本に対し、アメリカ・ロシアの両国は自国の資源の守りに入ります。現在では資源は安定し、かつ漁獲量は日本の20万トンに対して、２０１７年の漁獲量で各１３０万トン、１７０万トンと巨大です。漁獲枠と漁獲量を比較するとわかりやすいのですが、米国では実際に漁獲できる数量より抑えた漁獲枠になっています。一方で日本の場合は、漁獲枠自体が、実際に漁獲できる数量以上に設定されていて、目標のようになっています。

２０１４年に行われた水産庁主催の「資源管理のあり方検討会」では、北海道沿岸の日本海におけるスケトウダラの漁獲量が討議されました。この地域のスケトウダラは、資源、水揚げともに減り続けています（図４）。漁業者は、産卵親魚保護のため

図4　日本海のスケトウダラ漁獲量（沿岸・沖底）の推移

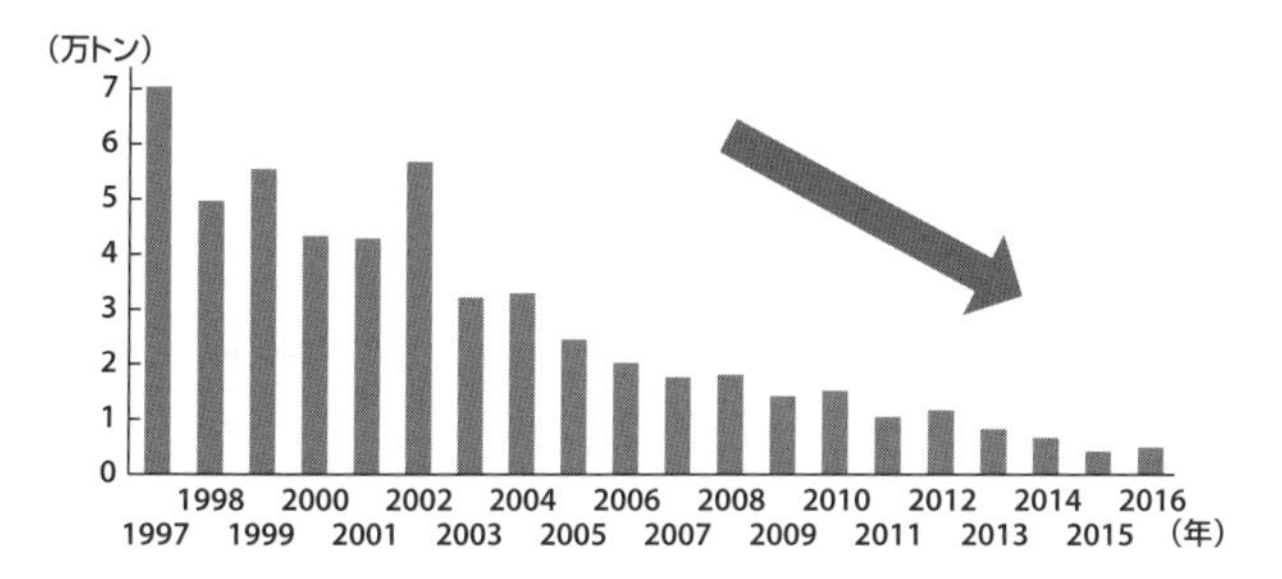

図5　ベーリング公海のスケトウダラ漁獲量の推移

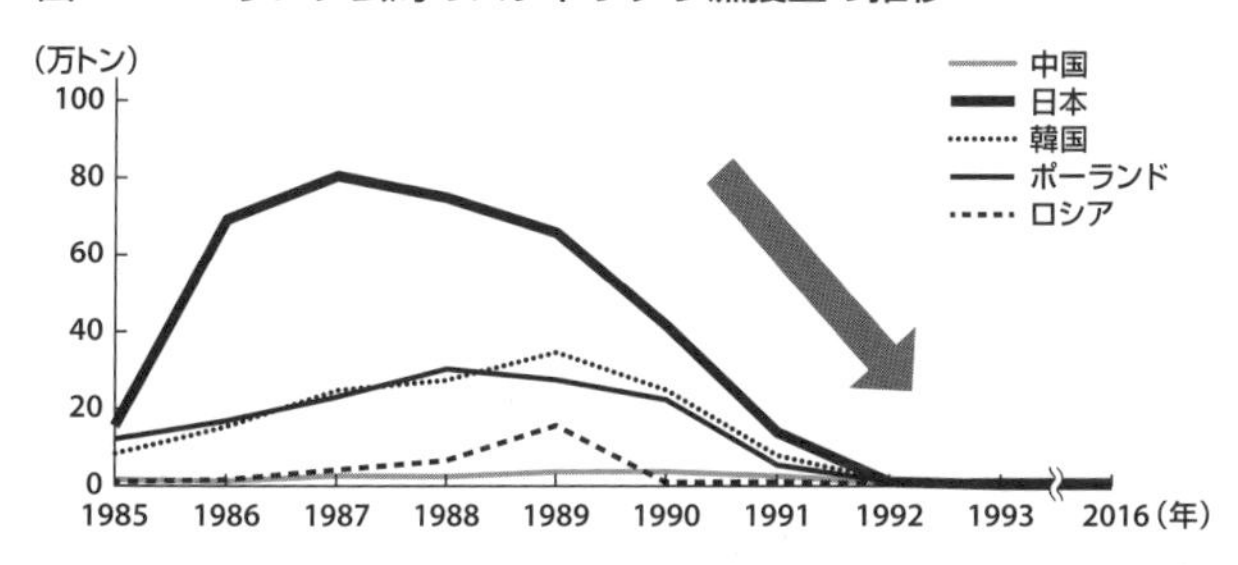

図6

図4　日本海のスケトウダラも大幅に減っている。水産庁資料より作成
図5　水産研究・教育機構のデータをもとに著者が作成
図6　ドーナツホールは、ロシアとアリューシャン列島、アメリカ・アラスカ州の中間に、ドーナツの穴のようにぽっかりと存在している。図はウェッジ作成

の禁漁区設定を始めとした、自主的な取り組みの説明を行い、これ以上の規制は経済的に難しいと訴えました。そして漁獲枠を減らしたら、ほんとうに資源の回復ができるのか？　との疑問の声があがっていました。このような自主的な資源管理が行われていても、それが十分でなければ次第に資源は悪化して行き、手遅れになると回復が困難になると考えられます。

１９９９年までは、同海域で操業していた韓国船の漁獲が原因で、資源が減ったと言われていました。しかし韓国船が撤退した後、さらに漁獲量が減少しました。主因は日本の漁船だったのです。このままでは資源が回復する見込みは薄く、さらに厳しい状態が続くことが懸念されます。まさに悪循環です。そして、それが指摘されないことに問題の本質があるのです。

Q この先、資源の減少が問題になりそうな魚は？

A 世界的な需要増で、カツオの今後が心配されています。

刺身、タタキ、鰹節……カツオは日本の食卓になくてはならない魚です。

近年、近海の一本釣りで漁獲されるカツオが減っています（図8）。そのため漁場は群れを探してより遠くなっていき、満船になるまでにかかる日数も長くなっています。海の栄養分が減ってエサとなる小魚が減り、カツオの来遊が減っているのではないかという話も聞きます。しかし、それだけではありません。日本に回遊してくる前に南太平洋で大型巻き網船によって、大量に獲られてしまっていることが、影響してきていると考えられるのです。

カツオはＥＥＺをまたいで、広く回遊していく魚です。図9に示す通り、産卵場は南太平洋の海域。この海域でカツオが一網打尽に漁獲されています。産卵場に集まってくる魚を漁業者が争って獲り続ければ、資源がなくなっていくのは自明です。日本に来遊するカツオの約7割は、産卵場を含むこの地域から回遊してきているという調査結果があります。

世界的な魚食ブームで、カツオの需要は高まっています。欧米で消費されているツナ缶の中身はカツオ（英名 Skipjack Tuna）が主体です。漁獲量は１９７０年代の50万トンから２０１６年の３８０万トンへと右肩上がりに増えています（図７）。これは魚が増えているのではなく、漁船の数が増え、かつ漁獲効率が大幅に向上したことにより、水揚げが増えているだけと考えられます。カツオのような、回遊性で浅いところを泳ぐ「浮き魚」が漂流物に集まってくる習性を利用した人口浮き魚礁装置、ＦＡＤｓが威力を発揮し、漁船が大型化、魚群を見つけるためにヘリコプターを搭載している漁船もあり、過剰な漁獲が進んでいます。韓国、中国などの漁船の数がさらに増えていくことも懸念されます。漁獲圧力はどんどん高まっており、カツオにとって危険な状況が続いているのです。

図7　世界のカツオ漁獲量の推移

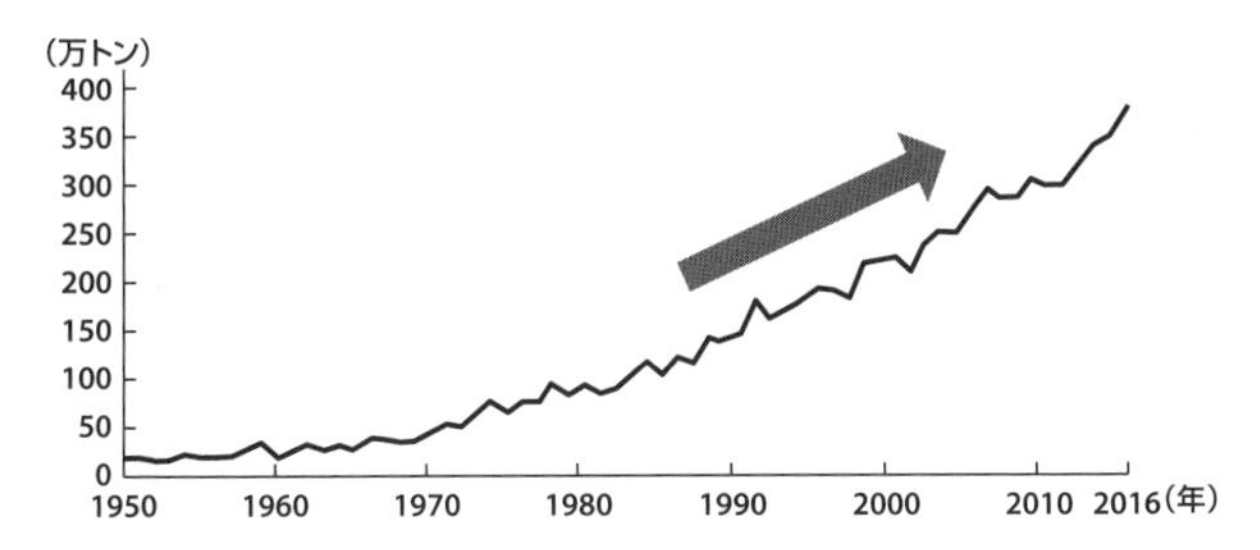

図8　近海でのカツオ一本釣り漁獲量の推移

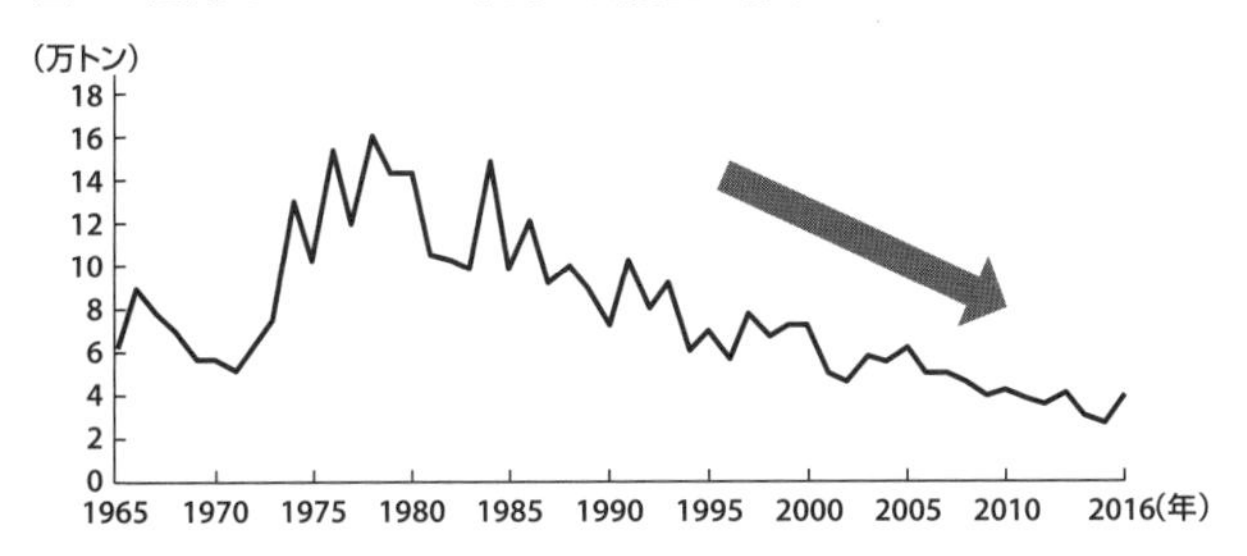

図9　カツオの産卵場

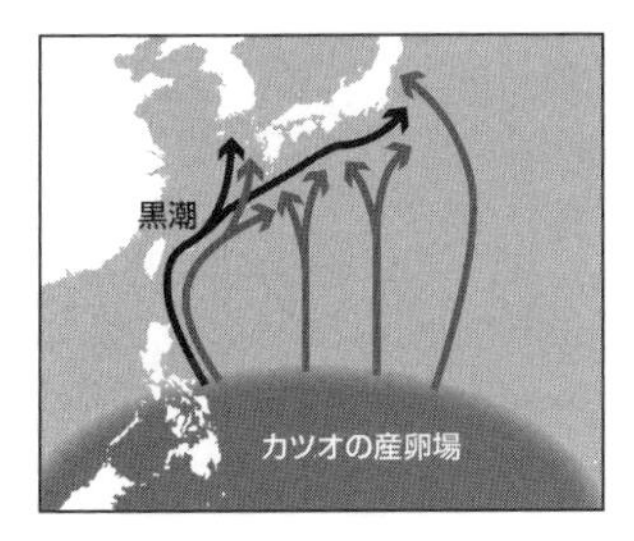

図 7　みなと新聞の資料をもとに著者が作成
図 8　農林水産省の統計資料をもとに著者が作成
図 9　カツオは亜熱帯～熱帯の太平洋中央水域で産卵する。北緯 20 度以南の海域で成魚となり、次第に北上、日本近海にやってくる。図はウェッジ作成

Q　豊漁になったり、獲れなくなったり。サンマは大丈夫？

A　資源量は今のところは横ばいですが、近海では獲れなくなっています。

秋になると毎年、店頭にたくさんのサンマが並びます。サンマはおいしく、しかも安いので、いつも庶民の食卓を助けてきました。

２０１６年秋、日本のＥＥＺの外側でサンマを漁獲している台湾・中国の大型漁船の映像が、ニュースで放映されました。サンマは日本のＥＥＺの外側まで回遊しており、まとまった魚群が秋に北海道から三陸にかけて来遊、漁場を形成してきました。しかし水温の上昇で、サンマが日本の沿岸に来遊する時期が遅れるケースが増えてきています。

２０１７年の日本のサンマの水揚げは8・5万トンと１９６９年の5万トンに次ぐ、ほぼ半世紀ぶりの凶漁で、世界の総漁獲量でも26・6万トン、２０００年以来の不漁でした。日本のＥＥＺの外側で漁場が形成されると、台湾、中国、韓国、ロシアといった国々が漁獲できる量が増えます。特に台湾船は２０１３年から最大の漁業国であ

図10　サンマの国別水揚げ量の推移

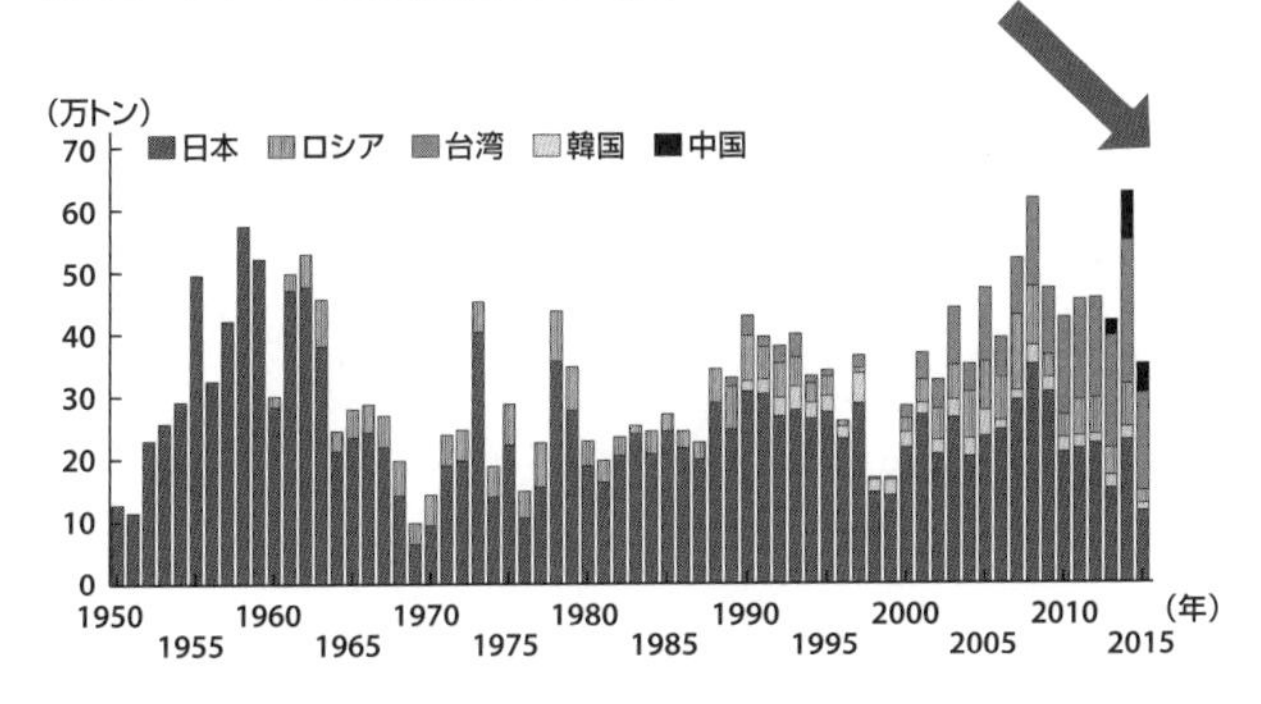

台湾は1980年代末、中国は2013年に入ってから、サンマ漁を本格化させていることがわかる。水産研究・教育機構のデータをもとに作成

った日本の漁獲量を抜きました。

サンマの資源自体は、２０１６年の１７８万トンから２０１７年は86万トンと半減の予想でした。今後は、水温の上昇により、さらに日本の近海でサンマを獲りにくくなることが予想されています。日本は、国別に漁獲できる数量を早急に決めていかないと、サンマ資源が減るだけでなく、いざ漁獲枠を決めるときにほかの国々が漁獲実績をもとに、割当の増加を要求し、これまでのように自由に漁獲ができなくなってくる可能性があります。

Q　ウナギの品不足や高騰が、最近よく話題になっていますが？

A　残念ですがウナギはもう、手遅れかもしれません……。

もともとウナギは、ハレの日に食べる食材でした。それが、1980年代後半ごろ、中国で養殖されたヨーロッパウナギが、日本に安価かつ大量に輸入されるようになります。欧州産のヨーロッパウナギの稚魚（シラスウナギ）はやがて乱獲で激減。2007年に国際貿易を規制するワシントン条約で規制が決まり、その後取引が激減します。ニホンウナギも、国際自然保護連合（IUCN）により2014年に絶滅危惧種に指定されました。ただしIUCNには法的拘束力がありません。

台湾・中国・日本の稚魚の減少で、供給環境は変わり、養殖のためのウナギの稚魚がキロ100万円以上もする高値となっています。稚魚の供給が減少すると価格が高騰、高騰した稚魚を求めてさらに無理して獲るようになり、資源が減少していきます。

ウナギの供給は、99％以上が養殖物です。香港・中国から日本に来る養殖用ウナギの稚魚は、漁獲の減少と共に相場が暴騰。2017年10月～2018年2月までの輸

図11　ニホンウナギ稚魚の国内採捕量の推移

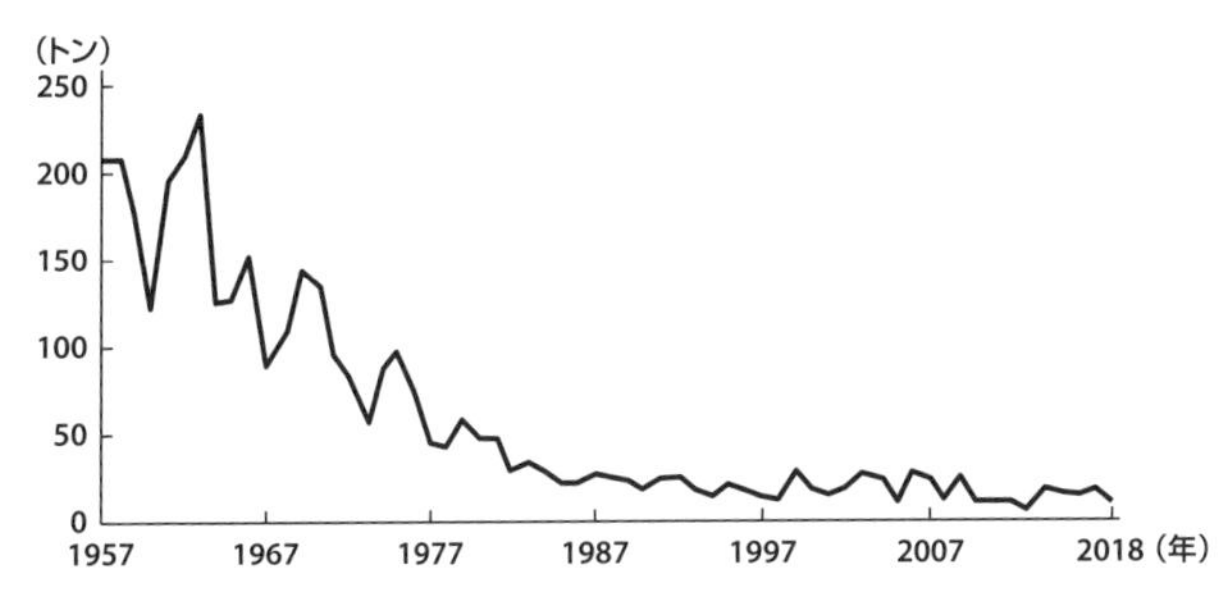

2002年までは農林水産省「漁業・養殖業生産統計年報」による。2003年以降は水産庁調べ。採補量は池入数量から輸入量を差し引いて算出。1982年頃まではクロコ(シラスウナギが少し成長して黒色になった状態)が入っている可能性がある。
出典：みなと新聞

入単価は、キロ３７０万円と前年同期の１２０万円の３倍となっています。

２０１３年に築地のクロマグロの初セリで１本約１億５０００万円という価格が出てマスコミをにぎわせましたが、その時のキロ単価がキロ70万円です。生きている稚魚の価格とはいえ、いかに法外な価格か、おわかりいただけるかと思います。

高騰する稚魚の密漁も後を絶ちません。ワシントン条約（ＣＩＴＥＳ）事務局は、日本で報告されている養殖種苗（種苗とはウナギの稚魚のこと）採捕量と実際の養殖池入量がかけ離れており、採捕量の43～63％が密漁か未報告物だと試算しています。

また、種苗の輸出を禁止している台湾から香港を経由して輸出されている可能性が指摘されており、日本の養殖池に入る種苗の57～69％は不透明な採捕や密輸で補われていると推定されています。

２０１６年に開催されたワシントン条約での会議で、ニホンウナギの国際取引を制限する提案は見送られました。しかしＥＵは、ウナギ全種の資源状況及び取引などについて、科学的データをもとに2、3年かけて討議し、２０１９年の次回会議までに「持続的取引を確実なものとする勧告」をまとめると呼び掛けています。ヨーロッパウナギやニホンウナギの減少により、代替品として注目されたアメリカのウナギが絶滅危惧種に、また東南アジアのピカーラ種も準絶滅危惧種になるなど、日本の需要を背景とした負の連鎖が起きています。

完全養殖の研究はされていますが、それが実用化して店頭に並ぶまでには、相当の時間と努力が必要な段階です。完全養殖はいまだ、ウナギの稚魚減少の解決策にはなっていないのです。

Q　逆に、増えている魚はいないんですか？

A　太平洋のマダラが増えています。しかしそれもつかの間かもしれません。

マダラは北半球の太平洋・大西洋で漁獲される魚です。日本では鍋物のイメージがあるようですが、大西洋沿岸、特に北欧では魚の王様という位置づけです。

日本では、日本海や北海道、太平洋北部が主な漁場です。太平洋北部のマダラは、震災前の２０１１年には６万４０００トンだった推定資源量が、２０１３、２０１４年には26万トンに増加しています。これは震災後に福島沖の漁業が試験操業のみとなり、小型魚が守られた結果と分析されています。

その後、２０１３年にはこの地域としては過去最高の３万トンの漁獲がありましたが、２０１６年には１・６万トンに半減。また、推定資源量は再び、２０１７年には８万トンまで激減しています。残念なことに、漁獲量の制限がなく、乱獲という同じ誤りが繰り返されてしまっているのです。

Q　マダラのほかに震災の影響で漁獲量が増えた魚はありますか？

A　たとえばヒラメも伸びました。しかし、問題はこれからです。

宮城県内ではヒラメの漁獲量が大きく伸びています。2014年には全国トップの1465トンを記録。震災前の2010年が344トン、震災後の2012年には197トンにまで落ち込みましたが、2013年には987トンと急上昇し、さらに2015年は1644トンと過去最高になっています（2016年は994トン）。マダラと同様に震災後の漁獲量減で、資源量が増加していると見られています。

図12を見ると2010年に生まれた稚魚が、2011年から2013年にかけて成長し、資源が増えていることがわかります。現在はエサとなる小魚も多く、よい状態になっていますが、問題はこれからです。せっかく奇跡的に増えているヒラメを、「大漁！大漁！」で獲り続けてしまうのか。それとも漁獲枠を始めとする資源管理を適用して、将来にわたって獲り続ける仕組みにしていくのか。現時点ではヒラメの漁獲枠設定の話さえありません。同じ間違いが繰り返されることが懸念されます。

図 12　ヒラメ太平洋北部系群の年齢別資源量の推移

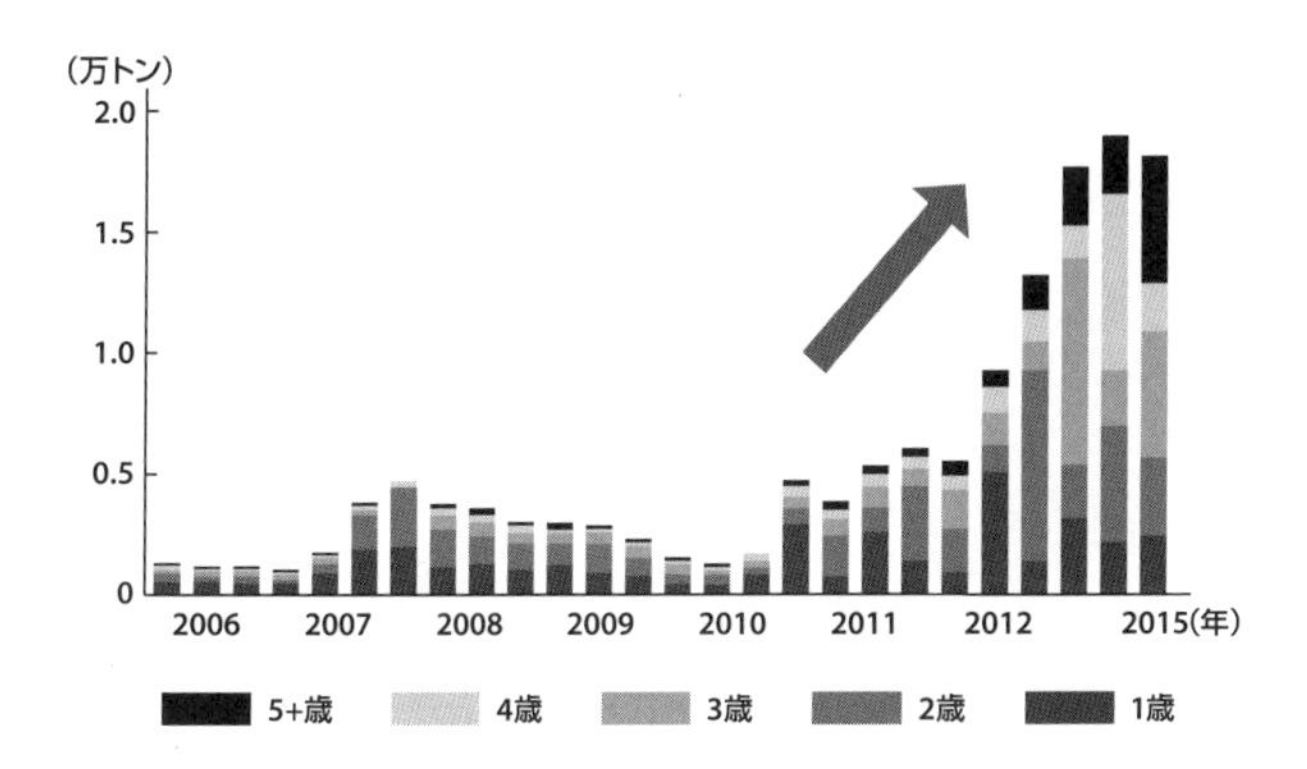

図 13　ヒラメ太平洋北部系群の漁期資源量の推移

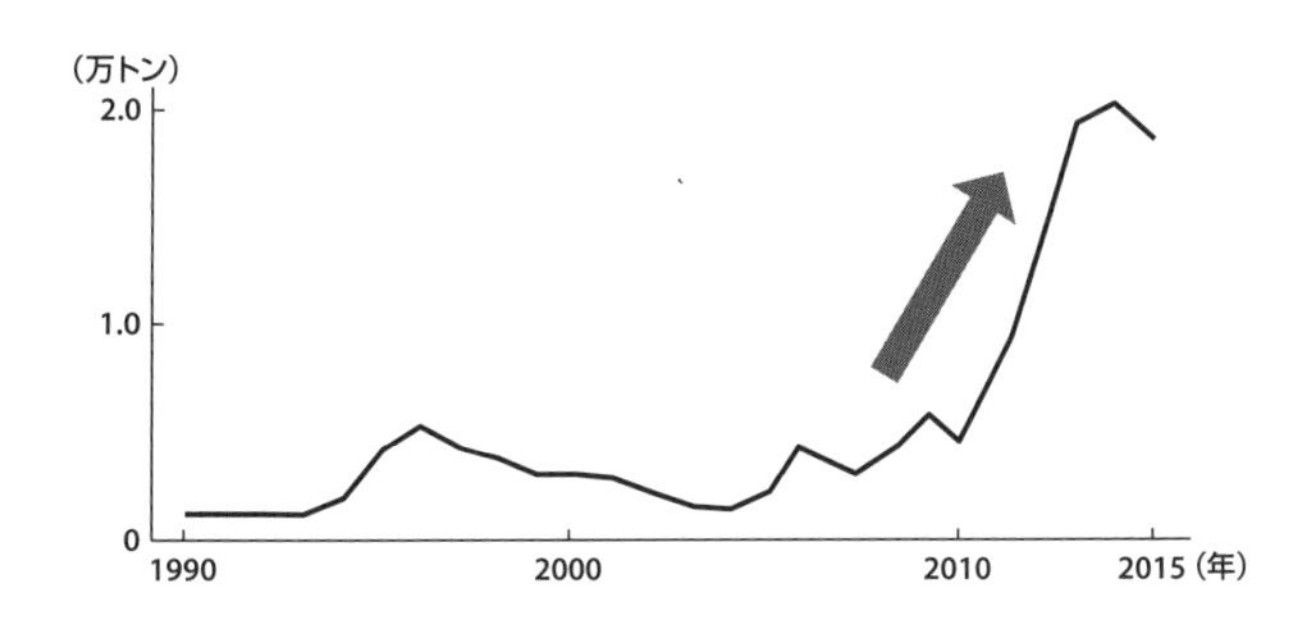

図 12、13 ともに青森県～茨城県のヒラメ資源量を調査した「平成 29（2017）年度ヒラメ太平洋北部群の資源評価」のデータなどから作成

Q　北部太平洋のサバはどうでしょう？

A　こちらも増加しましたが、すでに残念なことになってきています。

国立研究開発法人水産研究・教育機構によると2017年時点で、北部太平洋では2013年生まれのサバが多く、資源は中位で増加傾向となっています。その理由は、2011年3月11日に起こった東日本大震災の影響が大であると考えられます。マサバは2歳で約50％が成熟します。サバの産卵は主に4～6月にかけて。原発事故による禁漁の影響で産卵期に漁獲がほとんど行われず、漁を逃れたマサバが大量に産卵し、その2年後の2013年に親になって大量に産卵したため、この年のサバが特に多いと考えられます。

北部太平洋のマサバの主な産卵期である4～6月の漁獲は、震災前の2010年が1万6899トン、震災直後の2011年は4、5月がゼロで6月が2764トン、2012年が2万3645トン。2011年に震災で漁獲を逃れたサバが産卵し、その卵が2013年に親になり大量に産卵したと仮定した場合、2015年のサバ資源

図 14　マサバ太平洋系群の資源量の推移

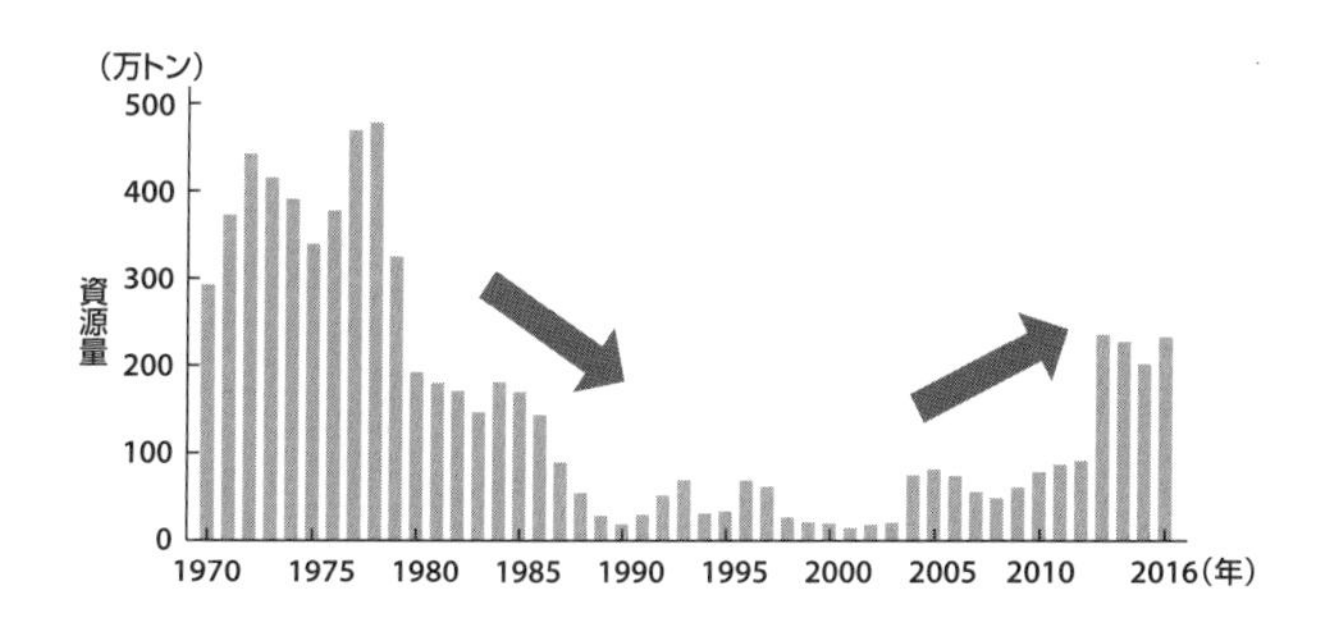

図 15　太平洋のサバ分布図と日本の EEZ

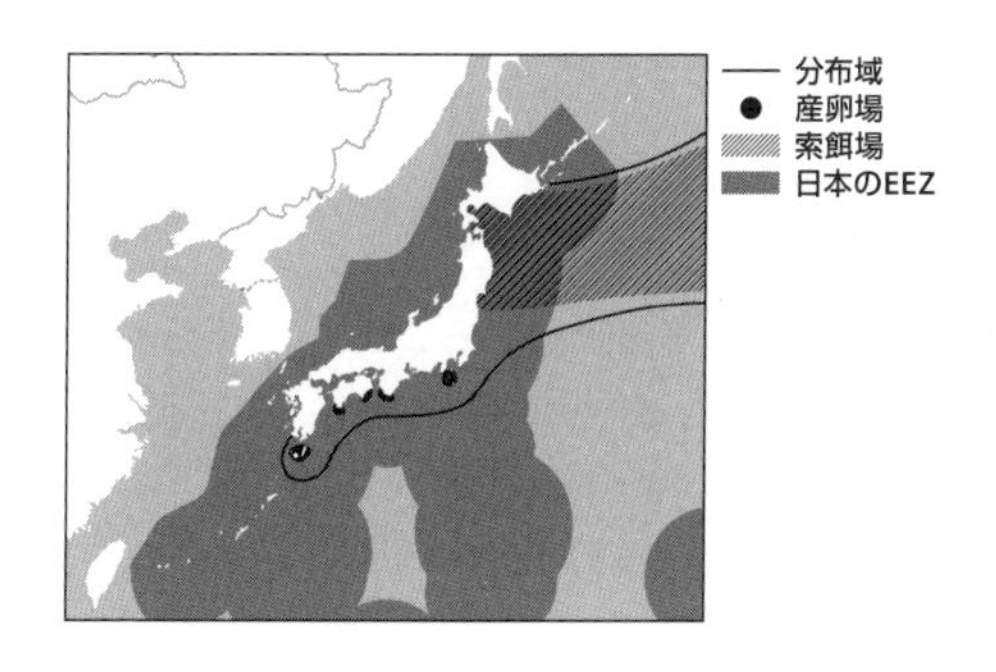

図 14、15 ともに「平成 29（2017）年度マサバ太平洋系群の資源評価」のデータなどから作成

が２０１３年生まれ主体だったことと一致します。

また、２０１１年に漁から逃れたサバは北上し、２０１２年に34年ぶりに北海道の道東沖に、良型のサイズとして現れました。しかし、それも多くの漁船に狙い撃ちされてしまい、せっかくの良型のサバはたちまち減少、２０１５年は価値が低い小型主体となり、多くがエサやフィッシュミール（魚粉）向けに回ってしまいました。そしてついに２０１６年の漁獲量は、前年の48％減の１万２９００トン。実にもったいない話です。

日本で多く漁獲されてしまう3歳未満の未成魚のサバは「ジャミ」「ローソク」などと呼ばれています。３００グラム未満のサバでは缶詰に使用するにも小さすぎて、ほとんど食用の需要がありません。

一方、サバ漁がさかんなノルウェーが漁獲する大西洋では、３歳以上の成魚の割合がほとんどで99％が食用です。成魚はたくさんの卵を産みます。日本では、水揚げ量はノルウェーの2倍程度あっても未成魚が多くて食用に回せるのは7割程度。サバが足りず、国産より高い価格で輸入せざるを得ない構造になっています。

Q　最近、ホッケって小さくないですか？

A　乱獲のほか、水揚げ減少が原因で値段が上がっているのも原因です。

居酒屋で出てきたホッケの干物。でも、昔は皿からはみ出るくらい大きかったのに、最近はそうでもない感じ……。

かつては10万トン以上漁獲され、すり身や動物のエサにもされていた国産のホッケは、２０１４年には３万トン、２０１７年には１万８０００トンと、水揚げがどんどん減り続けています（図16）。資源回復のため２０１２年から水揚げ量を３割、３カ年削減するという計画が出されていますが、その効果は出ておらず減少が続いています。

ホッケが大きくなる前に獲ってしまうことが主因と考えられます。漁業者は、資源を守らなければならないということは理解しても、自分のことに置き換えて考えると別の話になります。漁師は魚を獲るのが仕事なので当然、自分の漁獲量は減らしたくありません。たとえば、すべての漁業者が漁獲量を３割減らすという合意事項でない

図16　ホッケの漁獲量の推移

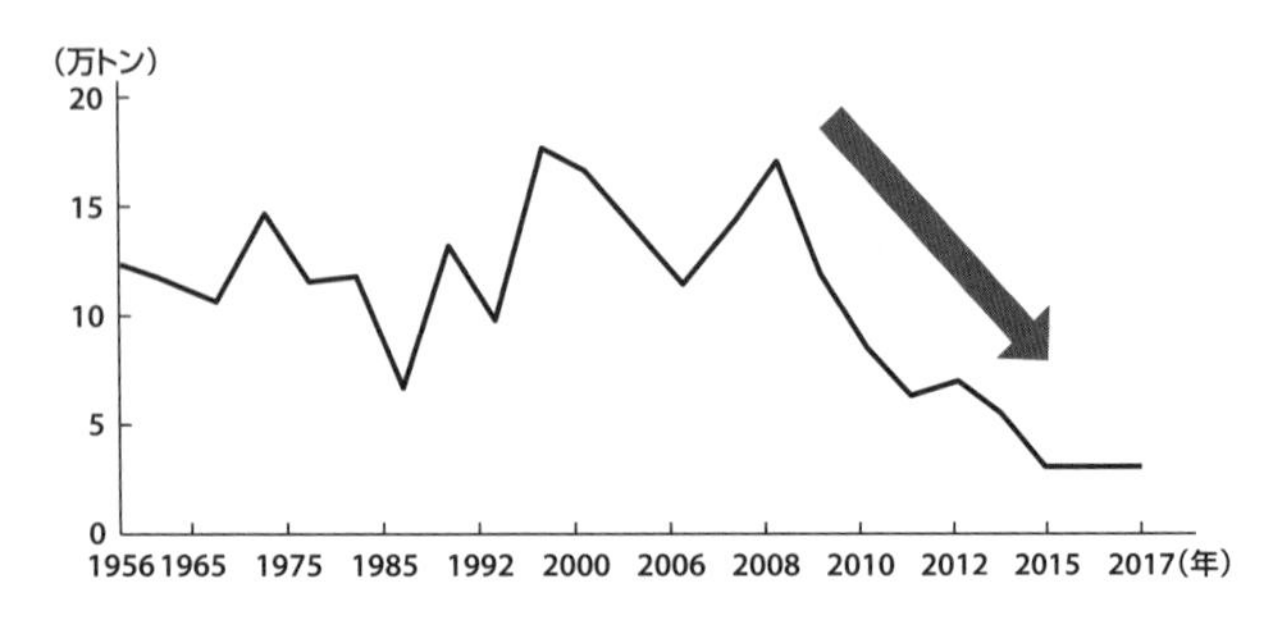

国内のホッケの漁獲量は、2009年には約12万トンあったものが、2015年には2万トンを切っている。農水省の統計資料から著者が作成

以上、自分だけは少しでも多く魚を獲ろうということになり、小さくても無理に魚を獲ってしまうのです。そこに、なぜ日本のホッケは減り続けるのか、小さなホッケが店に並んでしまうのかの理由があります。

もうひとつ、ホッケの値段が上がると起きることを説明します。

消費者は、少しでも価格が安い魚を買いたいと考えます。売り場では価格を受け入れやすくするために、1切れ、1枚の魚を小さくして売るようになります。開きにして1枚だったホッケを半分にして2枚にすれば、1枚の価格は半分になります。切り身の大きさを100グラムから70グラムにすれば買付価格が3割上昇しても、1切れ当たりの価格はほぼ同じになります。

これらは見た目でわかるので、消費者はボリュームが少なくなったと感じてしまいます。同じ魚といっても実際はさまざまな品質があるのですが、商品を説明しながら売る機会がほとんどなくなってきている現在では、余計に価格ありきになりがちです。おいしさや見た目よりもコストが重んじられれば、消費者不在の商品が出来上がりやすくなり、結果として魚離れの要因にもなってしまうのです。

ちなみに現在、居酒屋やスーパーに並ぶホッケはすっかり米国とロシア産に席巻されています。食べる前にちょっと裏返してみて、はっきりとした太い横縞があったら、それは国産の真ホッケではなく、資源管理が行き届いている輸入のシマホッケです。

Q　一番値上がりしている魚、一番値段が変わらない魚は？

A　値上がりしたのはウナギの稚魚、あまり変わらないのは「青物」でしょう。

一番値段が上がっている魚を上げるとしたら、26ページでもお話した養殖用のウナギの稚魚（シラス）ではないでしょうか。２０１３年には1キロ当たり２００万円以上に高騰。２０１７年の輸入価格はキロ３００万円を超えています。

一方で比較的値段が変わらないのは、全体の漁獲量が多い大衆魚、具体的にはサバ、アジ、サンマといった青物です。漁獲の多い少ないで価格は変動しますが、青物は基本的には大衆魚であり、消費者は価格が安くないと買いません。

とはいえ最近、安い魚が市場から消え始めています。もともとサバ、アジといった魚は日本でたくさん獲れていました。しかし、主に獲りすぎで魚が小型化、食用にできる割合が減ってしまい、不足分を、アジはオランダやアイルランド、サバはノルウェーといった国々からの輸入品で補ってきました。

１９９０年前後までは、サバ、アジなどが欧州でもフィッシュミールにされている

図 17　日本の水産物輸入量・輸入金額の推移

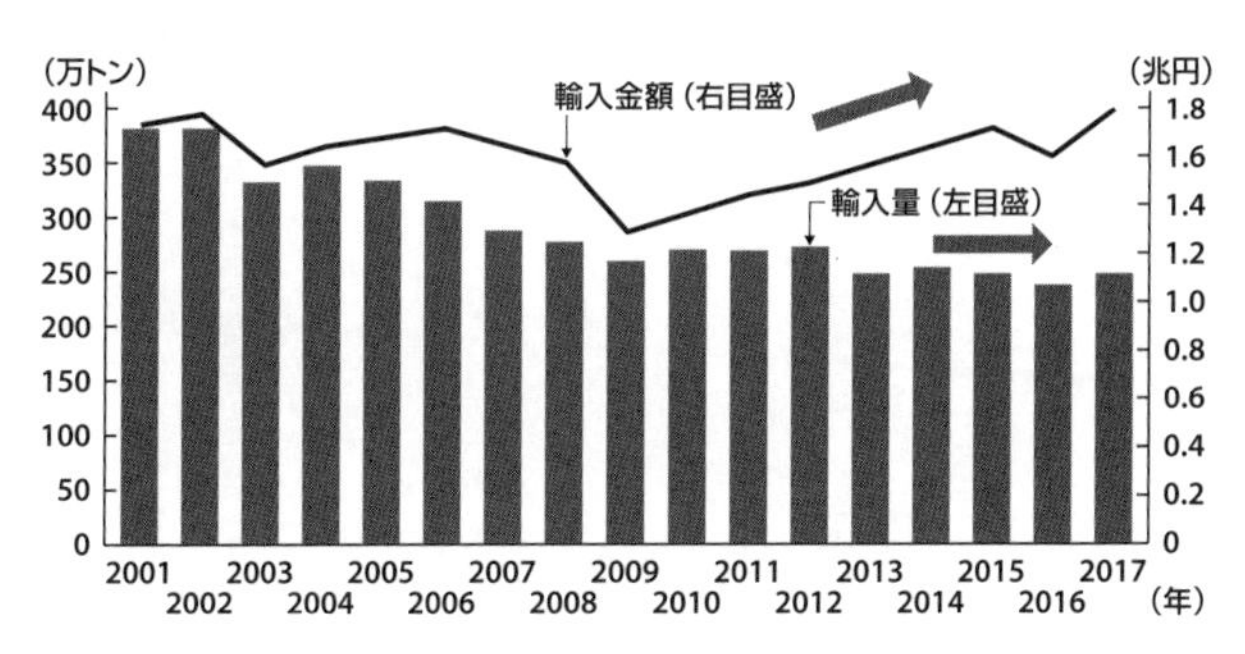

2009 年以降、輸入量はほぼ横ばいだが、輸入金額は上昇を続けている。
出典：水産庁編『水産白書』平成 29 年度版

ことがありました。しかしそれは、いまは昔の話。当時、アフリカ向けに販売されていたアジの価格は１トン当たり４００ドル前後でしたが、２０１６年には１５００ドル前後になっています。アジフライやアジの開きで１枚１００円のものが減っているのは、輸入アジの価格が大きく上昇してきていることによる影響もあるのです。

魚の輸入数量は２００１年をピークに減少していますが、単価の上昇で、輸入金額は増え続けています（図17）。日本以外の国々の需要増加で買い付け価格が上昇し、その上昇分の価格転嫁ができない状況が、ますます増えていくことでしょう。

その2 魚が減るとどうなる?

Q 魚が減っている実感がないのはどうして?

A 世界中から似た魚を探し出し、輸入で補っているからです。

鮮魚売り場に行けば、いろいろな魚が並んでいます。脂がのったサバは人気商品で、店で見ないことは、まずありません。正月には欠かせない数の子も、年末には必ず売られています。消費者としては、魚が減っているという実感は、ほとんどないのではないでしょうか。

しかし、たっぷりと脂がのったサバはよく見ると、縞模様が濃いノルウェーサバが主体です。正月用の数の子は、ほぼ米国、カナダからの輸入品です。このように、世界中から似た魚を探し出し、足りなくなった魚種を輸入によって補ってきたのです。

Q　魚が減っているのなら、新聞やテレビで「豊漁」と報道されるのはなぜ？

A　マスコミは前年比での増減を報道するので、現状が正しく伝わりません。

マグロやウナギだけでなく、ホッケが減った、サンマが減ったなどの話を新聞やテレビを通じて知る方も多いことでしょう。マスコミでは、漁獲量を前年と比べて多い、少ないと一喜一憂することが多いのですが、これでは現状が正しく伝わりません。たとえば魚が獲れなかった年の翌年に、少しでも多く獲れると「今年は前年比、○割増！」と大騒ぎしたりします。単年度ではなく、50年前後の中長期的な視点で水揚げの動向を見てみると、魚が減ってきていることが鮮明にわかります。

絶滅危惧種の太平洋クロマグロを例にとると、初期の親のクロマグロ資源量を100％とすると2016年には3・3％にまで減っています。これを2012年の2・1％と比べて「増加しました」といっても、数量自体が著しく小さくなっているので意味がありません。海外のメディア（タイム・AP通信など）が、同じ事象を「禁漁が必要な危機」として報道しているのと、大きく異なっています。

Q　世界全体の魚の水揚げ量も日本同様に減っているのですか？

A　いいえ、日本とは逆に、世界全体の水揚げ数量は右肩上がりです。

世界全体の魚の水揚げ数量は養殖が天然をやや上回り、1988年の約1億トンから、2016年には2億トンへと右肩上がりに伸び続けています（図18）。一方で日本は同時期、1200万トンから3分の1に激減。激減の主な原因とされたマイワシは、2011年以降は一転して増加要因となっていて不思議です。学校では、日本の魚が減っていくデータだけの教材が使われているので、社会科の先生でさえも、事実を知らないことと思います。図19をご覧ください。まさに問題の縮図です。

この図だけでも学校や社会で取り扱われるようになれば、多くの人たちに「なぜ？」という疑問がわき、その原因について高い関心と議論が起こってきたことでしょう。

FAOや世界銀行の分析を見ると、日本の海とその魚の状態が、世界からどのように見られているのかよくわかります。2013〜2015年の水揚げ量平均を元に、FAOが予測した2025年の水揚げ量によると、世界全体では17・4％の増加が予

図 18　世界の漁業・養殖生産量の推移

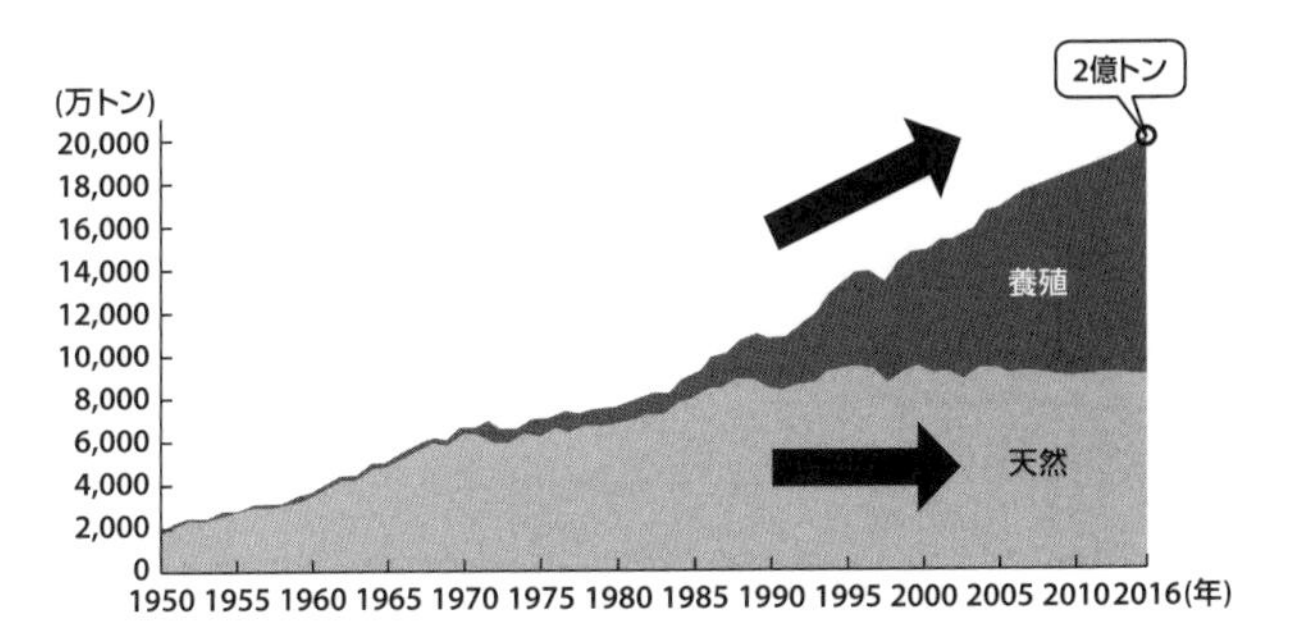

図 19　世界と日本の水揚量推移の比較

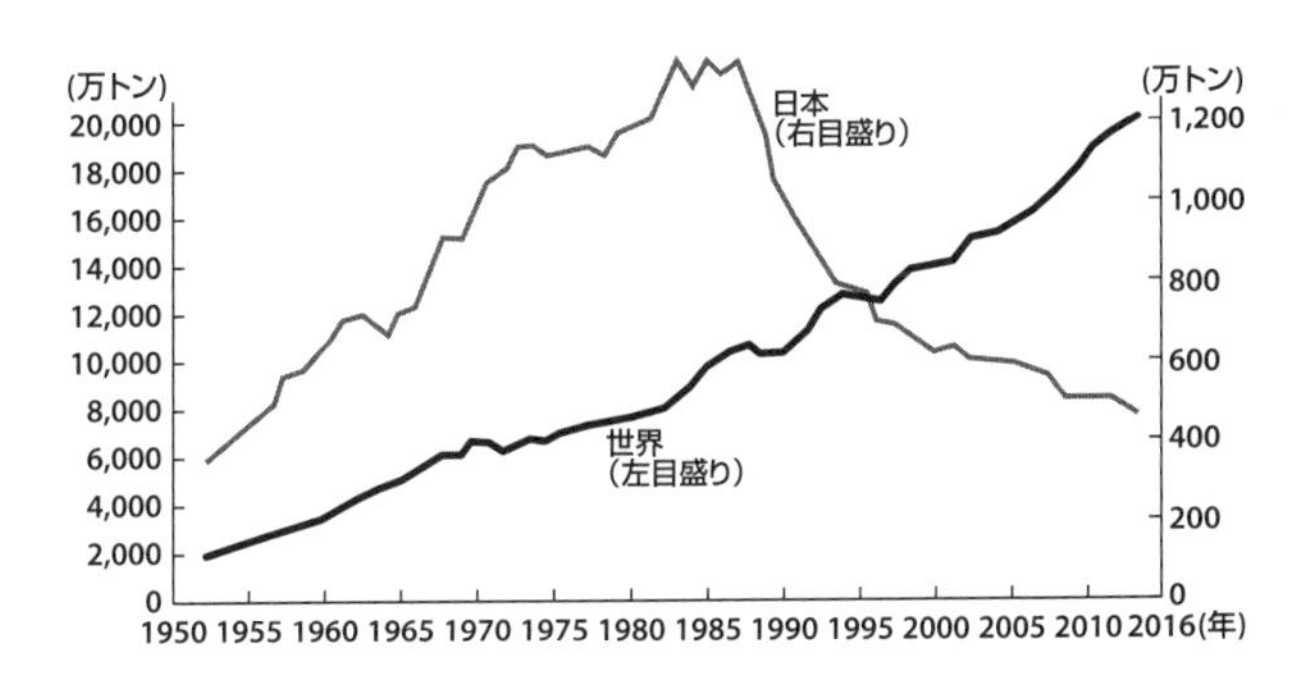

図 18　FAO のデータをもとに作成
図 19　世界の水産物生産量は増加の一途をたどっているが、日本は 1980 年代を境に急激に減少している。農水省、FAO のデータをもとに作成

表1　20年後の世界の海域別漁獲量予想

	漁獲量（万トン）		2010〜2030年の漁獲量の伸び率
	2010年	2030年	
インド	794.0	1,273.1	60.4%
東南アジア	2,115.6	2,909.2	37.5%
その他南アジア	754.8	997.5	32.1%
中国	5,248.2	6,895.0	31.4%
中東・北アフリカ	383.2	468.0	22.1%
ラテンアメリカ・カリブ	1,974.3	2,182.9	10.6%
その他東アジア・太平洋	369.8	395.6	7.0%
欧州・中央アジア	1,495.4	1,579.6	5.6%
サブサハラアフリカ	568.2	593.6	4.5%
北米	622.6	647.2	3.9%
その他	269.6	272.4	1.0%
日本	516.9	470.2	▲9.0%
世界全体	15,112.9	18,684.2	23.6%

世界銀行のデータをもとに作成。2010年時点の予測値

想されていて、各国が均衡もしくは増加となっている中で、日本は13・7％のマイナスと突出して悪く予想されています。

また世界銀行は世界の漁業について、2010年時点の漁獲数量と2030年の予測を海域ごとに比較しています（表1）。世界全体の水揚げは平均で23・6％増加していますが、表の中で1カ所だけマイナス9％の予測となっている海域があります。それが日本周辺の海域です。しかも2017年で430万トンとすでに予想以上に悪化しています。

Q　魚が減っている実情に対する日本の取り組みは、どうなっていますか？

A　現状は自主管理ですが、これを改めないと将来はいまより大変なことになります。

日本の資源管理のやり方は、「自主管理」を基本としています。漁業者に、漁期や漁具などの取り決めを行ってもらって管理するものです。魚の資源状態のことは、現場の漁業者が一番よくわかっているはずです。もしも「自主管理」が行われていなかったら、いまよりももっと魚がいないひどい状態になっていたことでしょう。しかしそれでもなぜ、日本の魚は減り、水産業は衰退が止まらないのでしょうか？

その答えは、「自主管理」が問題なのではなく、「科学的根拠に基づく資源管理」が不足しているからなのです。本来あるべき姿は、科学者が資源評価を行い、その資源評価結果に基づいてＡＢＣ（生物学的漁獲許容量）が設定され、それをもとにＴＡＣ（漁獲枠）が決められ、それが個別の漁業者に割り当てられ、各自が割り当てられた数量を漁獲するというやり方です。

Q　日本の資源管理の成功例として、秋田県のハタハタがありますよね？

A　水揚げ推移のグラフを見て、これが本当に成功かどうか考えてください。

日本の資源管理が上手くいっているという「誤解」を生じさせているのが、秋田のハタハタだと筆者はとらえています。1992年からの3年間の禁漁をしたことが成功例に挙げられますが、図20の通り禁漁後も資源状態の低迷は明らかです。

秋田県と漁業関係者などで構成するハタハタ資源対策協議会は、2017年の自主的な漁獲枠を720トンに設定しました。しかし漁獲量は過去20年で最低の、わずか478トン。枠の消化率は7割弱でした。漁獲枠が資源量の4割もあるなど、魚が少ない状態での措置とは言いがたいもので、さらに2015年には、オスや小型の魚は漁獲枠にカウントされずに流通していた分があったことも判明。今後は漁獲枠での管理から、出漁日数を規制する手法への変更を検討しているそうですが、期間でなく、思い切った漁獲量制限を実施すべきです。資源量が回復するまで我慢し、資源を持続的にすることが取るべき選択肢なのです。

図 20　秋田県のハタハタ漁獲量の推移における印象操作の例

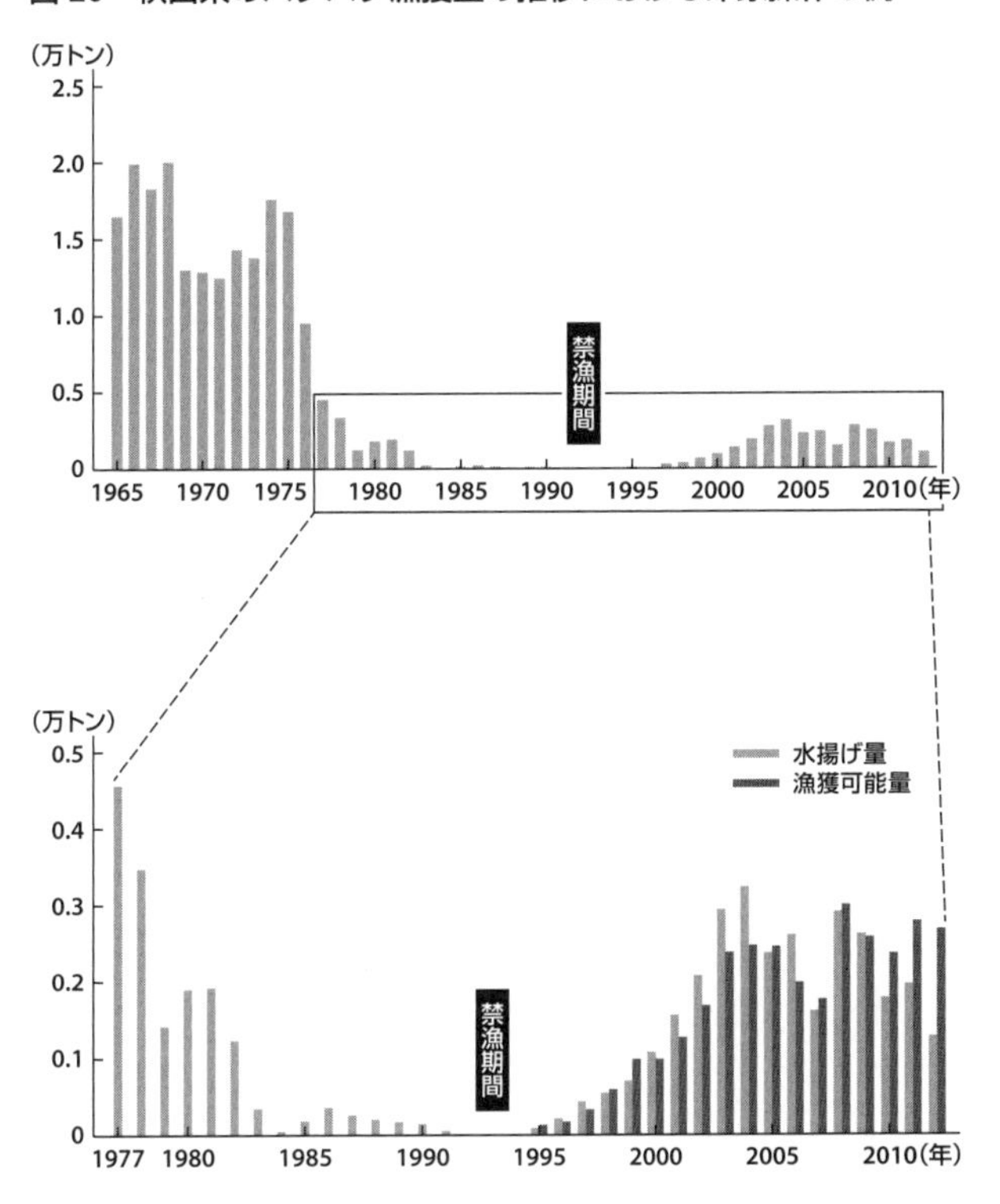

図の上半分の出典は秋田県のホームページ。下はそこから印象操作をした例。ハタハタの漁獲量が減ってからの部分だけを切り取り、しかも禁漁後は水揚げ量だけでなく漁獲可能量までグラフに載せることで、禁漁期間を経て資源量がV字回復したように見せかけることができる

Q　世界ではたくさん獲れているなら、足りない分は輸入すればいいのでは？

A　日本がいつまでも海外の魚を買い続けられるかはわかりません。

魚が減り始めた1980年代以降は、プラザ合意による円高も手伝い、魚の買い付けは日本の独壇場でした。日本は世界中で水産物を開発し、生産指導を行い、規格を決めていきました。しかし魚食文化の広がりにより欧米、ロシア・東欧、アフリカ、東南アジア、中国と魚を輸入する市場が次々と増えていき、買い付け競争が激化。日本の要望通りに買い付けができる時代ではなくなりました。また水産物加工を、国内から、労働賃金が安い中国を主体とするアジア諸国に移したことで、加工や食べ方のノウハウも広まっていきました。

日本ではその後、魚の水揚げが減ると同時に、魚離れにより魚の消費が減り、さらに輸入水産物も減るという「3減り状態」で市場の均衡が保たれてきたため、消費者は変化に気がつきにくい状態が続いていました。しかし1ドル80円まで円高になっていた為替相場が、2013年以降は100円を上回る円安傾向になったことや、海外の市場拡大のスピードが速まってきていることで、バランスが変わりました。

日本以外の世界中では、魚の需要は増大を続けています。海外との買い付け競争が激しくなり、値段が折り合わずに輸入できない「買い負け」についての報道を聞くことも増えてきています。もっとも典型的な魚が、西京漬けなどで人気の深海魚、メロ（正式名称はマジェランアイナメ）でしょう。

かつては「銀ムツ」と呼ばれ、日本市場で価値が出た魚でしたが、米国・中国・香港などの市場で人気を博したことで、日本への供給がピーク時の10分の1に減少しました。一時は乱獲で資源が減少したこともありますが、現在では年間2万トンほどの漁獲で安定してきています。

この魚、いまでは胴体の身の部分は高すぎて買えません。国際価格キロ35ドルに対して、国内で販売できる市場価格はキロ20ドル程度。これがいわゆる「買い負け」です。海外のスーパーには並んでいても、日本では価格が受け入れられずに姿を消してきています。このおいしい魚をなんとか輸入しようとして、ステーキカット用に輪切りにできないため世界市場ではいまのところあまり人気がなく価格が安い「カマ」の部分を買い付けしているケースもあります。ほかの魚種でもサイズの大きなものは価格が高いため、その下のサイズを輸入するケースが増えています。共通しているのは決して魚が小さくなったのではないことです。単に見た目がよい大きな魚は高くて買えなくなっているだけなのです。

もうひとつ、同じ漬魚（魚の切り身を酒粕や味噌などに漬けた食品）で人気がある銀ダラ。この魚の切り身も10年前、20年前に比べて、小さい魚からのものになっていますが、気づいている方は少ないでしょう。これも、銀ダラが小型化しているわけではありません。銀ダラの規格は、1尾当たり7ポンド（約3・2キロ）以上から2〜3ポンドまで数種類あり、大型と小型では5割前後もの価格差があります。

日本もかつては7ポンド以上の魚を買っていたのですが、いまでは高くて手が出せなくなっています。大きいサイズのものは米国や香港などの、価格が高い市場に流れています。なお、輸入品の場合は、成魚の中でサイズが小さくて少しでも値段が安めの魚を買うのであって、小型の未成魚のような魚を輸入するわけではありません。

Q　漁師は、魚を獲れば獲るほど儲かるんですよね？

A　いいえ、そうとも言いきれません。無制限に漁獲量を増やすと値段が下がりますし、やがて魚がいなくなります。

日本には、大漁をよしとする文化がありますので、大漁旗や大漁祈願に対して違和感を覚えることはないかと思います。しかしながら、大漁が永遠に続いていけばよいのですが、そんなに都合よくいきません。無謀な大漁狙いは、漁業にとって、もっとも重要な要素であるサステナビリティを失わせてしまいます。

大漁狙いで魚を獲るには誰よりもはやく漁場に行く必要があるので、漁船のスピードが速くなります。レーダー、魚群探知機、網などの漁具も発達し、ますます漁獲量が増えていきます。これは魚が増加しているわけではなく、獲る能力が上がるので漁獲量が増えていくのです。

漁業者にとってもっとも重要な水揚げ金額は漁獲量×単価です。漁獲量が需要を上回ると、単価が下がっていわゆる「大漁貧乏」を起こします。そのまま獲り続けると、ある時期を境に、漁獲量の減少が始まります。

獲れなくなると単価が上昇し始めます。魚が減っているのに無理して獲るので、どんどん魚が減っていきます。高く売れる、型のいい大きな魚が減り、成長する前の小さな魚や価値が低い小型の魚も獲りだし、最後には魚がほとんどいなくなってしまいます。魚が小さくなったとか、いなくなったとかいう問題はほとんどの場合、原因は魚の獲り方にあるのです。

漁業先進国では魚をたくさん獲るのではなく、決められた漁獲枠の中で水揚げ金額を最大にし、かつ獲り続けられるようにすることに重点を置いています。漁獲数量を減らしても、供給が減ることで単価が上昇することが多いので、たくさん獲ることが経済的に必ずしもよいことではないことを理解しているのです。

しかしながら、大漁をよしとする日本にはその感覚がほとんど浸透していません。

Q　とりあえずいまは輸入魚を食べられているし、日本の海の魚が減って困るのは漁師だけでは？

A　それは甘い考え。すでに地域社会のあちこちに大きな影響が出ています。

水産資源の減少は、食糧問題や環境問題だけでなく社会問題として、特に地方社会に大きな影響を与えています。２０１５年に第70回国連総会で採択された、ＳＤＧｓ（持続可能な開発のための目標）には、「事実と数字」という項目で以下のような説明がされています。

「30億人を超える人が、海洋と沿岸の生物多様性に生活を依存している。海での漁業は、直接・間接雇用を含めて2億人以上が従事している。地球規模において、海洋と沿岸の資源と産業による市場価値は3兆ドル（約３００兆円）と推定され、世界のＧＤＰの約５％を占める」

またＦＡＯによると、漁業従業者1人に対しておよそ3～4人分の2次的雇用が創出されると仮定し、さらにそれぞれの有職者が、平均して3人を扶養していると仮定すれば、漁業や養殖に携わる人と彼らにサービスと商品を提供している人々は、世界人口の10～12％に相当する6億6000万～8億2000万人もの生計を支えていると試算されています。

日本は四方を海に囲まれている島国です。世界の平均よりずっと多くの人たちが、直接的、間接的に魚にかかわってきました。日本の漁業者は2017年で15万3000人、総人口は1億2700万人なので、この試算によると少なくとも1300～1500万人もの生計にかかわっている計算になります。

北海道から沖縄に至るまで、魚がたくさん獲れていたところには栄え、魚の減少とともに衰退してしまっている地域は少なくありません。たくさん獲れていたころは、漁業をする人だけでなく、漁具を提供する人、水揚げされた魚を加工、保管、運搬、販売する人、それらの人々の住居、金融機関、学校、医療機関、行政機関……と、多くの雇用を生み出し地域を繁栄させていました。

しかしいったん魚が減りだすと、これらの雇用が減る逆回転が起き、若者は職を求めて都会へ出て行ってしまい、地域は衰退してしまいます。

Q　魚が減る理由に、気候など自然環境の影響はあるのですか？

A　もちろんありますが、乱獲とは別に考えないと大きな間違いを起こします。

エルニーニョ現象（ペルー沖の海域で数年おきに発生する海面水温が高くなる現象）やレジームシフト（数十年間隔で起こる気候の大変化）、さらには温暖化のような気象変動は、魚の資源量に影響を与えます。まったく漁をしない場合でも、その年の水温やエサになるプランクトンの発生具合などで、魚の資源量は変わります。

しかし、世界中で日本だけが気象変動の影響を受けるわけではありません。魚の減少を主に気候や環境の変化のせいにして、主因であるはずの乱獲の存在をあいまいにする行為は、問題の先送りであり、結果として大きな間違いを犯すことになります。

また、熱帯魚のような魚が関東で見られたり、ブリが北海道でたくさん獲れたりと、気候変動により魚の回遊経路がこれまでと変われば、魚が来なくなった地域にすれば資源が減ったことになります。同じ尾数であっても魚が小さくなれば、重量換算にすると漁獲量が減少したことになります。

Q　気候変動の影響を受ける魚にはどんなものがありますか？

A　たとえばペルーのアンチョビーがそうです。

アンチョビー（日本名はカタクチイワシ）は、単一魚種としてはスケトウダラ同様、世界でも指折りの漁獲量がある魚種です。日本では仔魚であるシラスを食べたり、煮干しに加工したりしますが、世界で圧倒的に多い用途はフィッシュミールなどの餌料用で、その主要生産国は南米のペルーです。

アンチョビーの増減には、エルニーニョが大きく影響していることがわかっています。エルニーニョ現象が発生すると、資源量が減少します。2015年11月、ペルー政府は、年2回ある漁獲シーズンのひとつ、夏期シーズンの漁獲枠（110万トン）を発給しました。しかし、エルニーニョが強まって資源の減少が確認された場合は漁場を閉鎖する条件つきとしました。実際、2014年の夏期シーズンは禁漁となっていて、その決定を受け、アンチョビーを主な原料とするフィッシュミールの市況は、トン当たりで1800ドルから2400ドルに短期間で高騰したほどです。

２０１５年のアンチョビーの漁獲枠は、禁漁前の２０１３年の半分となりましたが、再び増加して２０１６年11月には２００万トンの漁獲枠が発給されました。ペルーはフィッシュミールの世界最大の供給国であり、日本の養殖魚のエサの価格、ひいては養殖魚の価格にも大きな影響を与えます。フィッシュミールが高騰すれば、漁業者は魚をもっと獲りたくなります。しかし、資源量が減少しているときに漁を継続すれば、魚の資源の回復を妨げるだけでなく、枯渇させてしまう懸念が出てきます。ペルーはそのことに気づいていますが、日本にはカタクチイワシの漁獲枠すらありません。

なお、魚が減っている理由に気候変動が挙げられる場合、同じ魚で世界のほかの海域の状態とその管理がどうなっているのかを、比較してみることが重要です。そうすることで、魚が消えていく理由を気候変動のせいばかりにできなくなり、「乱獲」という本当の理由が浮かび上がってくるのです。

Q　クジラが原因という説も聞きましたが？

A　それならば、もっと世界中のあちこちで魚が減るはずです。

クジラが大量の魚を食べていることが、水産資源に影響しているという説を唱える人もいます。クジラが膨大な量の魚を食べることは間違いありません。しかし、これもよく考えればわかることですが、魚の資源が安定しているノルウェーやアイスランド、そしてアラスカやカナダにも、たくさんのクジラがいます。ホエールウォッチングもさかんです。

日本の周りだけ、クジラのために魚が他国に比べて減っていくという話は、広い視点でとらえれば、おかしいことにすぐに気づくはずです。

Q　魚が減ったのは、近隣の国々のせいでもあるのでは？

A　日本の資源管理方法の問題と、外国船の脅威は別件です。

魚が減ってきているというニュースに対して、ＳＮＳなどでよく見られるコメントが、中国、台湾、韓国といった隣国が悪いというものです。たとえば近年、東シナ海近辺におけるサバの水揚げは急激に減少しています。サバはＥＥＺを超えて回遊するので、中国や韓国、ほかの国も同じサバを獲ります。中国の虎網漁船（高性能の集魚灯と巨大な網を備える）による、急激な漁獲増加も話題になりました。２０１６年には、ＥＥＺギリギリのところで１００隻以上の中国漁船がサバを漁獲しているという事実が確認されニュースになりました。

近隣諸国の漁業は、確かに脅威です。日本のＥＥＺの外側の海域では、国別の漁獲枠が設定されていないので、漁獲競争が起こっています。小さな、価値が低い魚でも獲ってしまうので、資源に悪影響を与えてしまいます。遠洋漁業の漁場は狭まっており、管理が甘い海域は各国の漁船に狙われています。

中国船が日本のEEZの外側に来てサンマを獲りだしたのは最近のことで、漁獲量も2000トン（2012年）から7万6000トン（2014年）と大幅に伸びましたが、2017年は5万トン弱と日本・台湾同様、大きく減少しました。

しかしながら、この外国船の漁獲と、日本自身の資源管理の問題は、別に考えねばなりません。そうでないと、なんでもかんでも他国が悪いということになり、問題の本質から大きくずれてしまいます。

ベーリング公海でのスケトウダラの件（17ページ）はその一例ですが、特に200海里漁業専管水域が設定される1977年以前、日本の船団は世界中の海で遠洋漁業を行い、多くの魚を獲り、米国やニュージーランドなど各国から恐れられていました。

しかし、今の日本は広大なEEZを持っています。ほかの国が獲るなら日本も同様に、などというやり方はもっとも愚かな選択であることはいうまでもありません。きっちりと科学的根拠を示してから、自国そして公海での中国船のサバ操業に制限をかける、これこそが日本のなすべきことなのです。

Q　昔に比べて魚がおいしくないと感じるのは、魚が減ったことと関係しているのでしょうか？

A　無関係ではありません。「旬」を大事にしない早獲り競争のせいです。

世界中で魚の消費量が増えている一方、日本では魚を食べる量が減って肉の消費量が増えています。古くから日本人は肉より魚を多く食べてきましたが、２０１１年に逆転して以来、その差は開く一方です。

筆者は、日本では乱獲のため、旬ではない時期のおいしくない魚でも消費者に供給してしまっていること、また早獲り競争で成長する前に獲ってしまうため、大きな魚の比率が低くなっていることなども一因なのでは、と考えています。しっかり育ち、味も見た目もよい大きな魚が、供給が少ないため高価になってしまい、小さくて見た目もよくなく、まだおいしくない魚が出回りやすくなっています。

また「旬」を大事にすることは、栄養面からも重要です。サバやイワシといった「青物」の脂には、記憶をサポートするといわれるＤＨＡや、血液を健康な状態にするＥ

PAなどが豊富に含まれています。脂がのったおいしい時期の青物を食べれば、体にいいDHAやEPAもたくさん摂取できます。

しかし青物の脂肪分は時期によって大きく異なります。概して、産卵直前の魚は栄養分が卵にいってしまうので、脂がのっていません。サンマは脂がのっている時期が漁期と重なっていますが、イワシやサバなどは一年中漁獲しているため、時期により脂肪分の量に大きな変動があります。

成長前の魚や、脂がのっていない時期の魚を獲ることは、資源のためによくないだけでなく、消費者に体にいい魚を提供する機会を失わせてしまうのです。

Q　養殖をうまく利用すれば、資源は守られますよね？

A　エサ、病気……養殖ならすべて問題なし、というわけではありません。

クロマグロやカンパチなどを始め、養殖された魚を食べる機会が増えています。天然の魚が減ってきたのであれば、養殖を増やせばよいと考えている方も多いかと思います。しかしながら、そう簡単ではありません。

魚を育てるにはエサが必要で、その供給に課題があるのです。クロマグロのような大型の魚にはたいていの場合、魚が丸のまま与えられます。体重を1キロ増やすためには約15キロのエサが必要です。主な養殖方法である「蓄養（ちくよう）」に使うマグロの幼魚は500グラムから1キロ前後しかありません。出荷する30～50キロ程度の大きさまでに育てるには、たくさんのエサが必要です。そのエサになる魚をどこから確保するかが課題です。

たとえばアトランティックサーモンには、フィッシュミールやフィッシュオイルなどからなる「ペレット」と呼ばれるエサが与えられます。世界のフィッシュミールの生産量は年間で450万トン程度（2016年）ですが、これからの養殖魚の増加に対して供給が追いつかないといわれ、植物性タンパクなどを増やし、フィッシュミールの比率を減らす努力がされています。アトランティックサーモンのエサには現在20％程度のフィッシュミールが含まれていますが、その比率が減ることで、魚の味や身質が変わってきています。添加しているオイルも、フィッシュオイルの不足と高値で、植物由来のものの比率が増やされています。

ペレットになっている状態では、中身がなにかわかりません。しかし、魚が本来食べていなかった植物由来のものを食べる比率が増えていることで、脂、風味など、魚自体の質も変わっているのです。

また、養殖の魚は病気が蔓延して大量に死んでしまうことがあります。2010年にはチリでアトランティックサーモンにISA（伝染性サケ貧血症）という病気がはやり、大量死が起こりました。エビではEMS（早期死亡症候群）という病気が2011年ごろから中国で問題になり、2013年に急拡大して東南アジアのあちこちで発生しました。特に主要生産地のタイでは、生産量がEMS発生前の60万トン（20

12年）から30万トン（2014年）に半減して品不足が発生し、世界市場に大きく影響しました。

2016年には藻類の大規模な繁殖を原因とする赤潮の被害が、チリで発生しています。池上げベースの数量で10万トンを超える鮭類（アトランティックサーモン、トラウト、銀鮭）が被害を受け、日本円にして約900億円の損害と分析されています。

日本でも養殖ハマチが赤潮で大量死することが何度もありました。養殖は天然と異なり、魚を安全な場所に移動させることはいまのところ、ほぼできません。震災による津波で壊滅的な被害を受けた三陸の養殖銀鮭は、1万6000トン（2017年）と震災前の水準にようやく戻ったところです。

その3 世界の漁業のいま

Q 最近は、おいしいサバといったらノルウェー産ですよね。どうして？

A ノルウェーは旬のサバだけを獲るシステムだからおいしいのです。

サバ類（マサバ・ゴマサバ）は現在、日本でもっとも漁獲量が多い魚種です。塩サバ、みそ煮、しめサバ、缶詰などさまざまな商品になって消費されています。

首位とはいうものの、日本のサバは主に獲りすぎで資源が激減してきました。1990年には国内でのサバ不足が深刻になり、一気にノルウェーからサバを10万トン以上輸入、コンスタントにサバを輸入する時代に突入しました。その後、ノルウェーサバは「脂がのったサバ」として、すっかり食卓に定着します。

ノルウェーサバとは、大西洋サバの中でノルウェーに水揚げされるサバのことです。ノルウェーでも日本でも、サバは秋から冬にかけて脂がのり、春の産卵期には卵に脂が取られてやせ、その後、秋から冬にかけて再び脂がのってくるのは同じです。ノルウェーから輸入されるサバがジューシーで年間を通しておいしいのは、脂がのってい

図 21　大西洋のサバの漁獲量と産卵親魚量

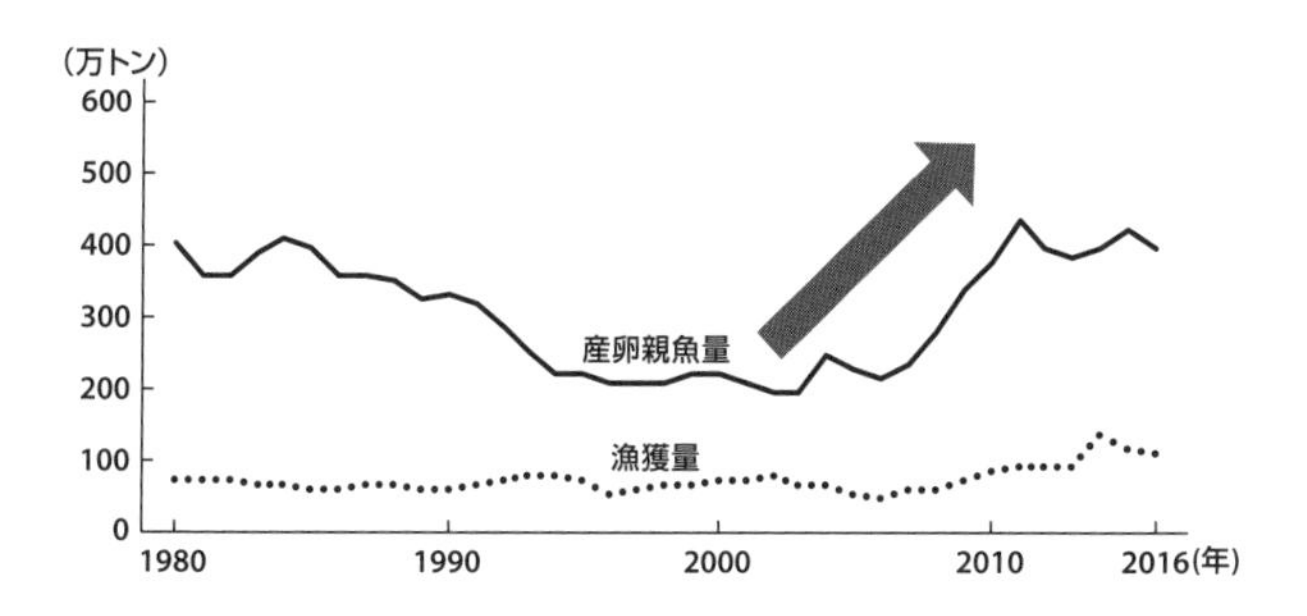

図 22　季節によるマサバの粗脂肪量の違い

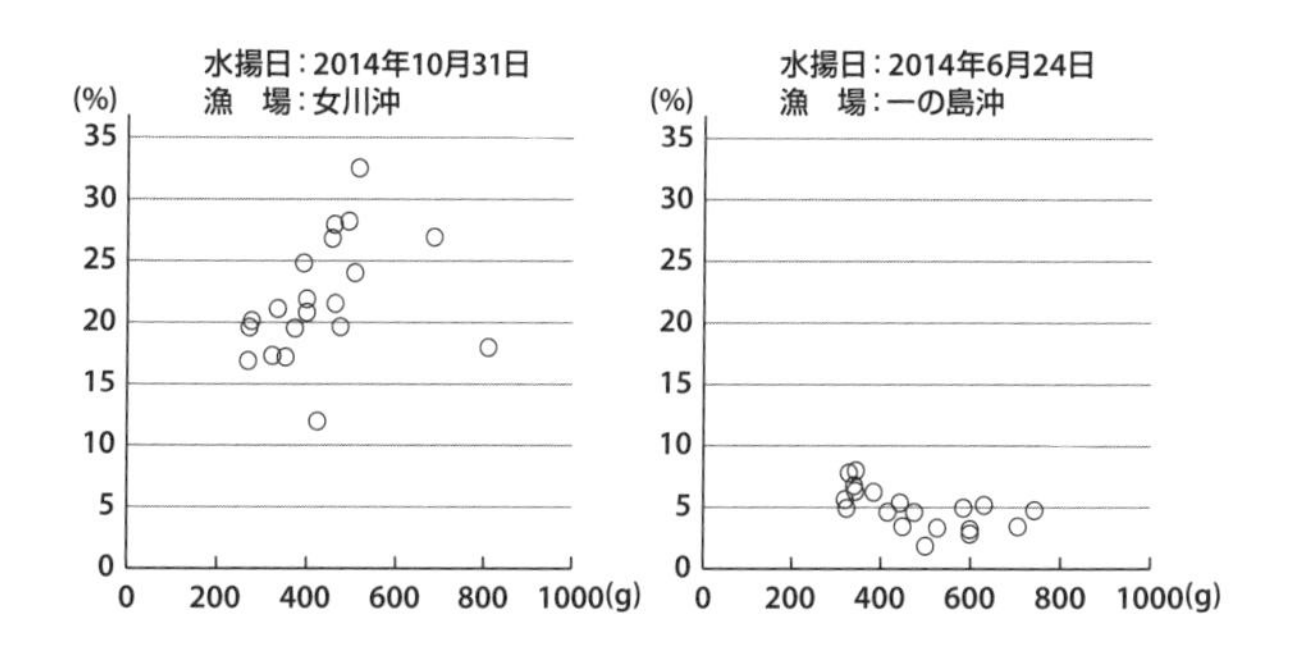

図 21　大西洋のサバは産卵親魚量にくらべて漁獲量が小さく、資源が手厚く守られていることがわかる。出典：ICES のデータをもとに筆者が作成
図 22　秋のサバと初夏のサバでは、脂肪の量がまるで違うことの一例。千葉県ホームページから作成

る時期に漁獲し、冷凍保存されたサバだからです。

日本のサバはノルウェーサバより、脂がいちばんのっている時期で比較すると5％ほど脂肪分が低いのですが、本来は十分に脂がのっているおいしい魚です。しかしながら、旬でない時期に水揚げされたサバや、ジャミやローソクといった小型の未成魚となると話は別。プロが見て「売らないほうがいいのに」と思うようなサバが店に並んでしまう状況は改善しないといけません。

図21に示すように、大西洋のサバの資源は安定していますが、現在、ノルウェーのサバもやや小型化しています。10年前までは1回の漁獲に対し、1尾600グラム以上の大型が2、3割混じっていたのですが、いまでは数％。これは、サバの回遊経路が水温の上昇で変わったことに関係しています。遊泳力がある大型の魚群がエサを追って北上し、アイスランドを始めとする国々に数年にわたり獲られてしまったことが原因と考えられます。また、成長自体が鈍化していることもわかっています。しかしながら、0～2歳の小型の未成魚でも、見つけたら容赦なく獲ってしまう日本とは異なり、価値が高い3歳以上の成魚を漁獲対象にしています。

Q　大西洋のクロマグロも一時期、危機的でしたよね？

A　有効な対策がとられた結果、現在は資源が回復してきています。

2010年、カタールで行われたワシントン条約の締結国会議の席上で「マグロの国際的な取引を一時的に禁止すべき」との提案が出されました。マグロが一時、食卓から消えるのでは、というニュースを記憶している方もいらっしゃるでしょう（最終的には提案は否決）。それは、大西洋で獲られるクロマグロのことでした。

大西洋クロマグロは、主な産卵場である地中海に産卵のために集まってきたところを狙われて過剰に漁獲され、危機に陥りました。資源の激減に対する政策として、大西洋まぐろ類保存国際委員会（ICCAT）は2009年、「2010年の総漁獲可能量を前年の6割に削減する」というモナコの提案を受け入れました。その後は厳しい管理のもと資源は回復に向かっており、2015年以降、漁獲枠は2017年まで2割ずつ増加することが決まっています（2015年1万6142トン→2016年1万9296トン→2017年2万3155トン）。

漁獲されるクロマグロは5歳以上の成魚で平均約180キロ（2015年・西大西洋）、170〜300キロ（2016年・ノルウェー）もの大きさになっています。

カナダの東海岸では時期になると、海岸から大きなクロマグロの姿が見えたり、沖合に釣りに行くと、まるで養殖をしているかのように、エサをやれば大きなクロマグロが釣り船の周りに近づいて来たりします。日本では滅多に釣れない200キロ以上の巨大マグロが、厳しい尾数制限付きではありますが、誰にでも釣れるような環境になっています。

しかし、ここまで回復する制度を導入するのは容易ではありませんでした。多くの国々（マルタ、スペイン、イタリア、モロッコ、チェニジア、トルコ、日本ほか）が同じクロマグロの資源を獲ってきたので、国により考え方も違います。しかしそれでも、厳しい資源管理を、関係国を巻き込んで決定し、結果を出しています。

大西洋クロマグロの大半は日本に輸出されます。皮肉なことに日本にクロマグロの供給が途絶えることはありません。それは、太平洋クロマグロがいなくなっても、大西洋から供給されるからなのです。

Q　太平洋と大西洋のクロマグロに大きな違いはありますか？

A　両方とも最高級のマグロです。消費の約8割は日本といわれています。

太平洋クロマグロは、南西諸島の周辺や日本海で産卵し、メキシコ・米国西海岸を通って日本へと大回遊します。日本、メキシコ、韓国といった国々が主に漁獲していますが、メキシコに回遊しているのは未成魚が主体で、未成魚を生きたまま捕獲し、大きく育ててから日本に輸出しています。漁獲したマグロを、しばらくエサをやって生かしながら出荷することを「蓄養」と呼んでいます。店の表示を見てみると「養殖」と書いてあるのに気づかれると思いますが、養殖の大半は「蓄養」で、卵から育てる完全な養殖マグロは、いまのところごくわずかです。

大西洋クロマグロにも同じく天然と蓄養があります。マルタ、トルコ、クロアチアといった日本への主要輸出国は、地中海で蓄養して日本に販売しています。大西洋は一部の海域を除き30キロ未満のクロマグロの漁獲を禁じています。また、国別の漁獲枠を厳格に分けています。

同じく高級マグロであるミナミマグロの資源も、回復傾向にあります。日本は過去の過剰漁獲の判明を受けて、2007年から漁獲枠を自主的に半減してきました。2018～2020年のTACは1万7647トンと、2015～2017年の1万4647トンの20％増で決まっています。

資源の回復が鮮明な大西洋クロマグロとミナミマグロは、TACによる厳格な資源管理が実行されています。一方で太平洋クロマグロは、ようやく2018年にTACの設定が始まったばかりです。管理の手法が、資源動向の明暗を分けてしまっています。

大西洋クロマグロは、産卵場である地中海が主要な漁場ですが、漁期を決めてほぼ産卵後に漁獲されるようになっています。しかし太平洋では、漁獲のほとんどが卵を産める大きさ（最低でも3歳、30キロ以上）になる前で、しかも産卵期のマグロを獲ってはいけないというルールがないため、漁獲しやすい産卵直前の親魚も獲られてしまうことが少なくありません。主に日本が漁獲している太平洋のクロマグロは、環境保護団体から2年間の漁業停止が求められていたり、壱岐・対馬の零細漁業者が時期を決めて、自主的に産卵期の禁漁を実施した段階なのです。

Q　水産資源の持続性を守るために海外で取られている方策には、どんなものがあるの？

A　個別割当制度などの正しい資源管理はもちろん、資源管理の重要性を一般に知らせる水産エコラベル制度などもあります。

マダラは西洋、特に北欧では魚の王様といった位置づけで、英国の名物料理「フィッシュ アンド チップス」に使われる魚としても有名です。塩蔵して乾燥されたタラ類はバカラオと呼ばれ、スペインやイタリア、南米のブラジルで人気があります。

１９９２年、カナダ政府は４００年続いたマダラ漁を禁漁にしました。長年の乱獲により、カナダ東部のマダラ水揚げ量は、最盛期に年間１５０万トンあったものが、５万トンに激減していました。この禁漁で４万人が職を失い、カナダの歴史上、最大のレイオフ（一時解雇）と言われました。これをきっかけに、オランダとイギリスを本拠地とする食品・家庭用品メーカー、ユニリーバがＷＷＦ（世界自然保護基金）とともに１９９７年に立ち上げたのが水産エコラベル、「ＭＳＣラベル」です（図24）。

ＭＳＣ（海洋管理協議会）が水産資源の持続性を守って獲られた水産物を認証するもので、現在、世界の天然魚の約1割を認証し、市場に大きな影響力を持っています。

　カナダ東部のマダラは２０１８年現在、１９９２年からの20年以上の禁漁を通じてようやく回復の兆しが見えてきました（図23）。同じ大西洋でも、ノルウェーとロシアが共同で管理しているバレンツ海のマダラ資源は、漁獲枠だけで約90万トンと過去最高水準の資源量となっています。

　資源管理政策を誤ると、魚がいなくなるだけでなく、地域ごと衰退させてしまいます。魚の漁獲量が増えている場合、魚が増えているのではなく、南太平洋でのカツオ漁のように単に漁船が増えていたり、漁具が発達したためであることがあります。その場合は、右肩上がりだった水揚げ数量が徐々に減りだし、ある年からガクンガクンと減少が始まります。そこで水揚げ数量の制限や禁漁期間を設けないと、ドーンと減少してしまいます。水揚げ数量が減ると、供給が減少して魚価が上昇します。それでも漁獲を続けると、卵を産む魚がどんどん減って、最後にはほとんど獲れなくなってしまうのです。日本では北海道のニシンや秋田のハタハタが同様のパターンでした。

図 24
世界でもっとも
信頼度が高い
水産エコラベル

図 23
カナダ（大西洋）のマダラ漁獲量の推移

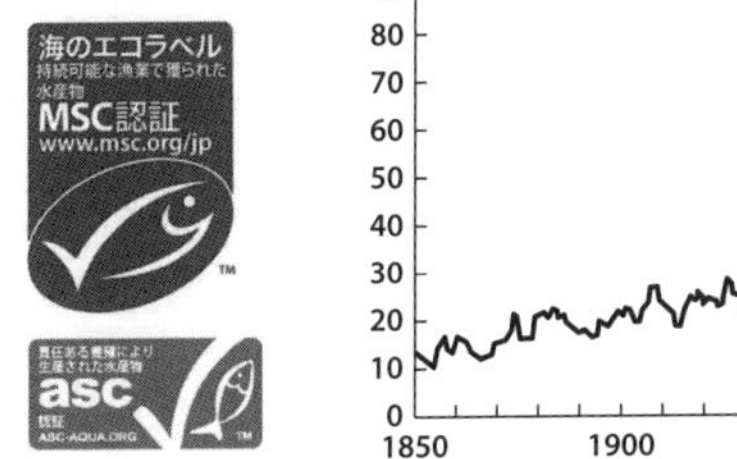

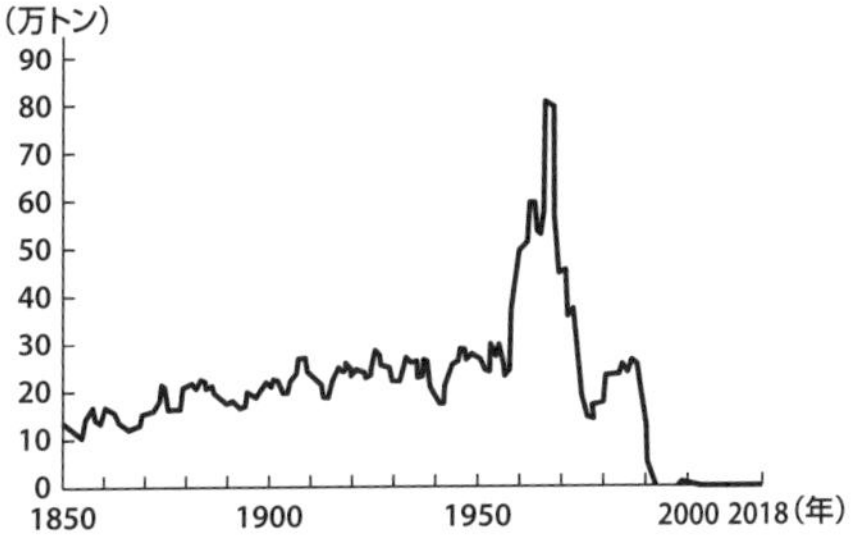

図 23　1970 年代の乱獲がたたり資源が激減、1992 年から禁漁となった。
出典：Millennium ecosystem assessment から作成
図 24　本文中にある MSC と、養殖魚版「海のエコラベル」、asc のロゴ

米国、欧州、ロシアなどの世界の国々では、多くの魚種で科学的調査に基づいてＴＡＣが設定され、さらにそれが個別に割り当てられています（ＩＱ・ＩＴＱ・ＩＶＱ）。ＩＱ（個別割当）はＴＡＣを個別の漁業者に割り当てたもの、ＩＴＱ（譲渡可能個別割当）はＩＱを貸し借り、売買できるようにしたもの、ＩＶＱ（漁船別個別割当）は、漁獲枠が「漁船」ごとに割り当てられたもので、さらにそれを漁船とともに譲渡できます。

Q　シシャモ（カラフトシシャモ）は、減っても必ず復活するのはなぜ?

A　資源量が減りすぎないように、きちんとコントロールされているからです。

卵を持った干しシシャモは、量販店や居酒屋の定番です。店頭で大量に安価で販売されているのは、正式には「カラフトシシャモ」と呼ばれる魚で、主にノルウェー、アイスランド、カナダなどからの輸入物。実際に樺太で獲った魚を売っているわけではありません。この項では以下、「カラフトシシャモ」を「シシャモ」と呼ぶことにして話を進めます。

シシャモは産卵期になると、群れになって2匹のオスがメスを挟むようにして産卵し、そしてサケのように産卵後に死んでいきます。オスにはメスを挟み込むために体の両側に沿ってゼリー状のものができます。オスメスの幅の差を利用して機械でオスと卵を抱えたメスを分けることができるので、卵を抱えたメスだけをほぼ選別して冷凍することができます。また産卵期の魚を獲り続けても、資源が元に戻るようにコントロールされています。

図25　アイスランドのシシャモ資源量と漁獲可能量の推移

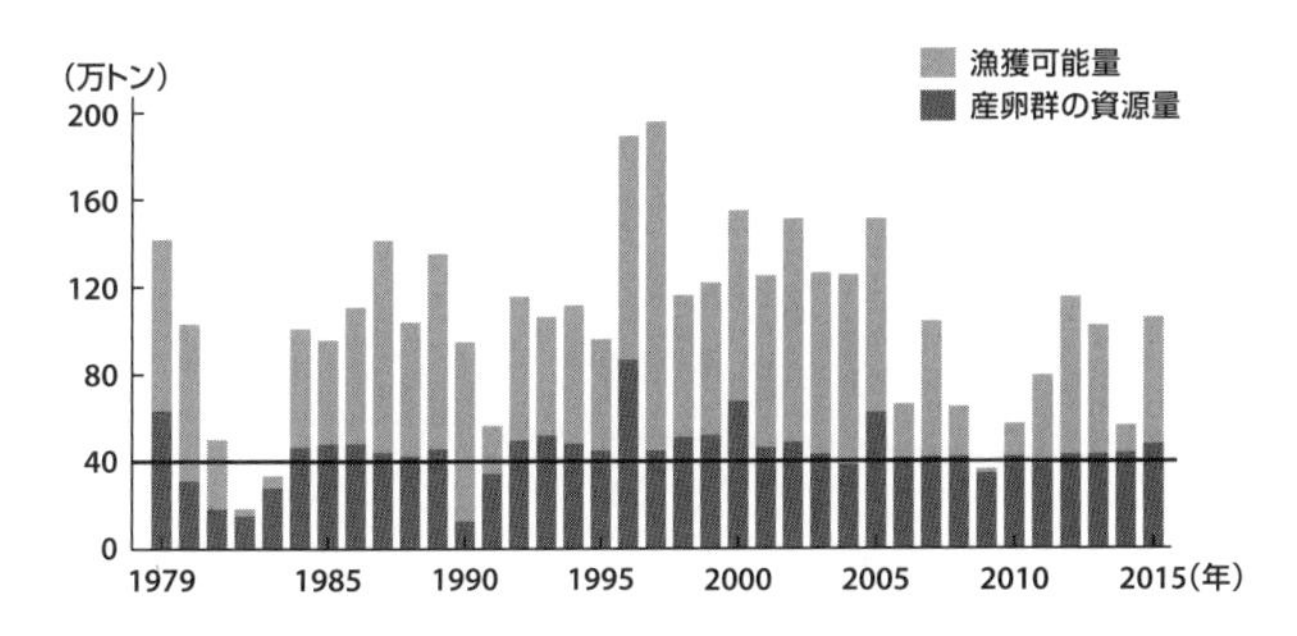

産卵群の資源量が40万トンを割りこまないように、漁獲可能量がしっかりと調整されている。出典：MRI

特にアイスランドとノルウェーでは、漁場も魚群も異なりますが、それぞれ卵を産む親のシシャモの資源量を、最低各40万トン、20万トンと決めて、それ以下の年は禁漁としています。アイスランドでは、たとえば100万トンの親のシシャモが見つかったシーズンは、100万－40万トン＝60万トン漁獲してもよいことになります（2016年はさらに厳しく資源を保護する漁獲量に変更）。逆に40万トン未満しか見つからない場合は、1万トン程度を調査用として漁獲するだけで禁漁とします（図25）。シシャモが漁場に回遊しても、持続的な資源量と認められなければ、先々のことを考えて資源の回復を待つのです。持続的に漁獲し続けるための親のシシャモ＝「種火」の重要さを、これらの国々は理解しているので、無理はしません。早い段階で保護をすれば右肩下がりは続かず、やがて必ず回復するのです。

シシャモはマダラを始めとする魚のエサにもなっています。シシャモを獲りすぎてしまえば、マダラまで減ってしまいます。２０１６年と２０１７年はノルウェーとロシアのシシャモ漁場であるバレンツ海での禁漁が決まりました。資源に減少傾向が見られたので、回復を待つことにしたのです。近年では、１９９４～１９９８年（５年間）、２００４～２００８年（５年間）が禁漁となっています。禁漁となっても、買い手は、また何年か待てば解禁になることを知っています。また、シシャモが禁漁になっても、ニシンやサバといったほかの魚種があるので、漁業者は大騒ぎしたりはしません。

その4 魚の獲り方あれこれ

Q 魚を獲る方法にはどんなものがありますか?

A 魚を獲る方法はさまざまあって、魚種や状況で使い分けています。

魚がもっとも大量に獲れる漁法は、「巻き網」と「トロール・底曳き漁法」です。主に表層~中層を泳ぐ魚（サバ、イワシなど）をまとめて獲る漁法が「巻き網」、底を泳ぐ魚（カレイ・スケトウダラなど）を、網を曳いて獲る漁法が「トロール・底曳き」です。また、これらの魚も沿岸の浅い漁場に泳いで来れば、「定置網」で獲ることもできます。サンマのように灯りをつけて表層に浮かして網ですくい取る「棒受け」という漁法もあります。

垂直に網を下してタイなど回遊して来る魚の通り道を遮断し、引っ掛けて取るのが「刺し網」。カツオの「一本釣り」や、マグロの「延縄（はえなわ）」なども主要な漁法です。

同じ魚でも、さまざまな漁法で獲ることがあります。漁には、効率、魚の特性、季節、品質などの要素がかかわってきます。

ここからは、さまざまな漁法とその特徴、欠点などを解説していきましょう。

一網打尽！　早獲り競争になると危険な「巻き網」

魚群の周りを網でぐるりと囲み、まさに「一網打尽」にして獲る漁法が「巻き網」です。対象はサバ・アジ・イワシといった青物やスルメイカなど。日本だけではなく、世界第2位の水産物輸出を誇るノルウェーの漁法も、サバ・ニシンといった表層〜中層を泳いでいる魚を獲る、巻き網漁が主体です。

巻き網で漁獲された魚は圧力があまりかかっていないので、サバのような小型の魚は打ち身（内出血など）になりにくく、よい状態で水揚げされます。ノルウェーの巻き網船は単船操業で、漁獲して魚を運んで水揚げするまでの作業を1隻ごとに行っています。これに対し、日本の巻き網船は漁船の構成が異なり、探索船、魚を巻き網で獲る漁船と運搬船の3、4隻で「1ヶ統（とう）」を形成します。

巻き網は、効率のよい漁法です。そのため、管理方法を誤ると魚の資源を極端に減らしてしまう恐れがあります。日本の魚が減った主な理由に、巻き網漁法が挙げられることがあります。同じ魚を獲るにしても、一度に獲れる量が圧倒的に多いことがその主な理由です。沿岸の定置網や小型の船で同じ魚を獲っている漁業者にとっては、沖合で「巻かれ」たら自分たちの漁場まで、魚が来なくなってしまうことに脅威を感じています。

巻き網と定置網は、それぞれ漁獲してよい海域が決められていますが、それぞれの漁獲枠がしっかり決まっていないと、巻き網船と沿岸の漁業者のお互いに不満がたまりやすくなります。サバ・イワシといった魚の資源量が、長年にわたり大幅に減少してしまう傾向がみられてきましたが、サンマの水揚げに関しては輸入に頼らなくても資源が比較的安定してきた主な理由は、巻き網を禁止してきたからではないかと筆者はとらえています。

しかし、もし巻き網が魚を減らしてしまう漁法であるなら、なぜノルウェーの巻き網は水産資源に悪影響を及ぼさず、漁業で成長を続けることができるのでしょうか？

それは漁船ごとに漁獲できる数量が厳格に決まっているので、魚がいれば獲ってしまう現在の日本の運用方式と異なるからなのです。巻き網船にはＶＭＳ（衛星漁船管理システム）が搭載されています。巻き網が禁止されている沿岸や、禁漁海域に入った場合は、形跡が残ります。魚群を巻いても網の中で魚は生きています。大きさは機械で測れますので、小さい魚であった場合はそのまま逃がしてもっと価値が高い大きな魚の群れを探すこともしています。

ノルウェーの巻き網船は巨大化しており、一度に５００トン、１０００トンと大量に漁獲できますが、日本の場合は漁船の大きさを厳しく制限したり、一定の水揚げ量を超えると休漁期間を設けたりして漁獲能力を制限しています。いわゆるインプットコントロール（投入量規制）、テクニカルコントロール（技術的規制）といわれる管理手法が主体になっています。

一方でノルウェーを始めとする漁業先進国は、アウトプットコントロール（産出量規制）、つまり漁船の大きさよりも、主に漁獲量で規制しているので、船が大型化しても肝心の漁獲量は変わりません。

大量に魚が獲れる「トロール」「底曳き漁法」

トロールや底曳き漁法は、網を曳きながら海の底のほうにいる魚を獲る漁法です。巻き網同様、一度に大量の魚が獲れます。これは非常に効率的な漁業ができる一方、資源や環境も破壊しかねない漁法でもあります。

代表的なのは米国やロシアで、年間で合わせて約３００万トンものスケトウダラを獲るトロール船です。デンマーク、英国、アイルランドといった国々でも、サバやアジを獲るのに巻き網ではなく、主にトロールを使っています。魚が深く潜っている場合は、深いところを曳けるトロールのほうが、効率がよくなります。一方で、巻き網よりトロールのほうが、魚が網に入ったまま引っ張り続けるため、魚に圧力がかかって傷みやすくなります。しかし、魚の資源が増えて安定していることで、網を引っ張る時間が短くなり、品質の差は、かなり改善されてきています。

トロールや底曳きは、比較的同じ魚種がまとまっている魚群を獲る巻き網に比べて、魚の種類が多くなり、意図しない魚も混獲しがちです。しかし米国のスケトウダラ漁での混獲は約1％とほとんどなく、また「サーモン・エクスクルーダー・デバイス」という装置をつけて、キングサーモンの混獲を避けています。混獲はすべてリアルタイムで書類化され、政府承認のオブザーバーが確認するシステムになっています。

中層トロールの場合は問題ありませんが、網が海底に着底する場合は、海底の環境が荒らされることで砂漠のようになってしまい、資源がそれこそ「根こそぎ」いなくなってしまうことが問題になっています。

たとえば九州南部の海域で行われてきた「以西底曳き漁業」（政令で操業が東経128度29分53秒以西と定められているためこの名があります）の水揚げは、1960年代には30万トンほどあったものの、近年では1万トン弱に激減しています。

一方、世界全体のトロールや底曳きを主な漁法とする魚（底魚）の水揚げ量は2000万トンほどで、1970年代から横ばいで推移しています。欧米、ロシア、オセアニアといった主要な漁業国がTACの設定に基づき、実際に漁獲できる数量よりもかなり控えめに漁獲しているからです。同じ漁法でも、管理の仕方により、魚の資源量は大きく変わってしまいます。以西底曳きの漁場から魚が消えてしまった理由は、環境の変化が主因ではなく、乱獲による人災だったといえるでしょう。

資源に比較的優しい「延縄」

延縄は、マグロ、タラ、メロなど比較的大型の魚を獲る漁法です。マグロの延縄漁には、長いものでは実に100キロメートルにもわたって縄が仕掛けられ、その下に垂直に糸と針がついています。同じ魚種でも大きなサイズの魚を、品質的によい状態で漁獲しやすい漁法です。マグロのような中〜表層を泳ぐ魚から、タラやメロ（銀ムツ）のように海底深く泳ぐ魚も獲ることができます。個別割当制度が浸透している国々では、漁獲量が決まっているので、トロールで漁獲するよりも、品質がよい延縄で獲って、できるだけ魚の価値を上げようとするケースも見られます。

オセアニアでは資源のことを考え、メロの漁法を、効率がよいが比較的小型の魚が獲れてしまうトロールから、価値が高い大型が多く、より深い水深（1000〜2000メートル）を狙える延縄に変更している例もあります。海底を傷めることもなく、環境に優しい漁法であるとも言えます。

資源に優しく、品質もよい「一本釣り」

一本釣りは、環境にもっともやさしい漁法のひとつです。青森県の大間でのマグロの一本釣りはテレビでもよく報道されています。一本ずつ丁寧に釣って処理をしていくので市場価値も高まります。

カツオも一本釣りが有名です。南太平洋などで、巻き網で漁獲されるものより、品質は上です。日本で鮮魚流通し刺身として食べられているカツオの大半は、一本釣りで漁獲されたものです。カツオ資源を守るために、英国の大手スーパー（セインズベリーやウェイトローズなど）では、巻き網ではなく、一本釣りでのカツオを原料とした缶詰の扱いに限定する動きが出てきています。今後、この動きは増えていくことでしょう。

２０１１年、英国の大手缶詰業者であるジョンウェスト社は、２０１６年までに小型の魚まで獲れてしまうＦＡＤｓ（22ページ参照）を使用した巻き網での漁獲を段階的に廃止し、サステナブルなツナ原料に切り替えると宣言したものの、２０１５年時点でわずか２％しか進んでいないことがトレースされて、環境保護団体がテスコ、ウェイトローズといった大手量販店の店頭からの製品撤去を要請するなど厳しい指摘を受けています。欧州では資源管理に対する意識が強く、ビジネスに直接結びつきますが、一本釣りを売りにした漁業は、国際的に評価されやすくなっています。

モルジブは一本釣りによるカツオ漁で、環境への配慮を行っています。２０１６年にマルタで行われた第13回シーフードサミット（35カ国・３４２名参加）で、国を挙げてシーフードチャンピオンに２年連続でファイナリストとして挑戦し、受賞しています。

受け身の漁法「定置網」

魚が回遊して来る場所に網を仕掛ける漁法が「定置網」です。壁のような「垣網」

とそれに沿って誘導された魚が入る「袋網」を設置して、待ちの漁を行います。日本沿岸のあちらこちらで行われている伝統的な漁法で、日本海の「氷見のブリ」や、北海道の「秋サケ」などが有名です。

定置網では魚は網の周りを出入りしており、実際に網に入って水揚げされる魚の比率は2割程度という調査結果もあります。この漁法もさまざまな魚が網にかかります。日本の場合は、定置網で獲れてしまったものは仕方がないという考え方が一般的なようです。しかし海外を見渡すと、資源管理が進んでいる国では仕方ないは通用しません。同じ魚を沖合と定置網で獲るケースもあり、お互いに決められた量より獲らない、小型の魚は獲らないようにする、などの鋭意努力、工夫が不可欠です。

沖合の漁業を規制しようとすれば、「定置網は規制しないのか」という不満が起こります。同じ水産資源を利用している以上、漁業に関与するすべての人が、資源管理にかかわっていく必要があるのです。結果として資源が回復していけば、両者ともにプラスになることは言うまでもありません。

Q　魚が減ると、探すのも大変ですよね？

A　昔と比べると、漁船とその装備は格段に上がってきています。

魚を探すのに、前方だけでなく横方向など全周囲の魚群分布を探知するソナーが使われるようになっており、大きな力を発揮しています。技術の進歩により、高性能の機械では、4～5キロも離れた魚群を探せる時代です。漁船のスピード、安定性、魚の運搬、1日当たりで加工・冷凍する能力も進歩しています。

1990年頃は、ノルウェーでも水産物の水揚げが多い西部のオーレスンを基点とし、アイルランド北部（サバ）、アイスランド東部（シシャモ）、ノルウェー北部（シシャモ）から半径2000キロ程度の距離を2～3日かけて鮮魚で運んでくることなどとても考えられませんでした。しかし現在ではそれが可能となっています。巻き網船が大型化し、保管状態もよいことからさらに、魚をデリバリーできる範囲は広がっています。

一方、九州の長崎を基点とする東シナ海の漁場はわずか500キロです。北欧諸国で実施されているように、日本・韓国・中国・台湾が、共同で科学的な資源の調査と国ごと漁船ごとに漁獲枠の設定を行い、洋上でオークションをし、高値を払った国の会社に水揚げしていくシステムにすることはできないものでしょうか。漁船にはＶＭＳを搭載して管理し、計量装置が付いた場所にのみ水揚げできるようにし、海上投棄は禁止し、厳しい罰則を設ければ、現在のように卵を産める大きさにさえ育っていない小サバを争って獲る漁船などなくなってくるはずです。

第2章

魚を守るなら、徹底討論。いましかない

魚市場の仲卸さん、漁業問題の研究者、長年、日本で水産物を扱うアメリカ人貿易商、現役の漁師親子、そして片野さんの6人が、日本漁業の問題点を熱く、鋭く語ります。

プロフィール（五十音順）

生田よしかつ（いくた　よしかつ）
東京都中央卸売市場築地市場のマグロ仲卸業「鈴与」３代目社長。一般社団法人シーフードスマート代表理事。著書に『あんなに大きかったホッケがなぜこんなに小さくなったのか』（ＫＡＤＯＫＡＷＡ）、『おいしい魚の目利きと食べ方』（ＰＨＰ研究所）など。

勝川俊雄（かつかわ　としお）
東京海洋大学准教授。２００２年、東京大学大学院農学生命科学研究科博士号取得。２００６年、日本水産学会論文賞受賞。著書に『魚が食べられなくなる日』（小学館新書）、『漁業という日本の問題』（ＮＴＴ出版）など。

高松幸彦・亮輔（たかまつ　ゆきひこ・りょうすけ）
北海道焼尻島の漁師親子。父・幸彦はさいわい丸船長で、北海道のマグロ一本釣りのパイオニア。「持続的なマグロ漁を考える会」の代表呼びかけ人。息子の亮輔は第18瑛悠丸船長。

ビル・コート（Bill Court）
水産物インポーター。米国生まれ。１９７２年に来日。日本人以上に日本の漁業と資源管理を懸念している。

＊この討論は、2016年6月に行われました。

現場における「魚が消えた」の〝温度差〟

片野　本日はお集まりいただきありがとうございます。さっそくですが、皆さんそれぞれの立場で漁業に携わっているなかで、「魚が消えた」と実感する場面があると思います。まずはそこからお聞かせいただけますか。

高松　漁師なので、今回のメンバーのなかでも一番「魚が消えた」を実感していると思います。この20年ぐらいは特に減りました。焼尻島(やぎしりとう)の漁師の生活を支えていたイカナゴ漁も、昔はメインだったのにいまは獲れないので誰もやっていません。マグロにしたってそう。極端に減少したと感じていますね。

ビル　イカの輸入を長くやっています。日本は1970年ごろ、70万トンの水揚げがあったけど、最近は15~20万トン止まり（注／2017年は6万トン）。所々でマグロは少なくなっていますが、一番ひどいのは日本みたいです。

片野　水産物輸入の話をすると、日本の魚の減少を補ってきた海外からの輸入も減ってきています。急激な円安と合わせて、海外で魚の需要が増えてきて日本に回ってこなくなったんですね。いわゆる「買い負け」です。ロブスターやタラバガニなど見栄えのする大きな甲殻類、切り身にしたときかたちがいい大きな魚が日本から消えて、香港とかアメリカとか、ほかの国にいってしまう。輸入業者としては、高いものを買ってきても日本で売れないと困るから、安い小さいサイズを買いつけてくるようになる。一般の方は気づかないかもしれませんが、そういう現実があります。

生田

正直、市場で働いていると魚が減ってる実感がないんだよね、毎日のことだから。そういう意味では消費者と同じ感覚。去年やおととしのことは覚えているけど、10年単位となると、データ見せられて初めてなるほどと感じるのが正直なところ。ただ、マグロはいつからかメジマグロが増えてきて、ホーム（市場の小魚の競り場）でメジが山になってることが多くなりました。いまはマグロといえば境港だけど、もともとは石巻とか塩釜の荷印がついた太平洋での巻き網マグロが主流でした。過去には三陸の巻き網マグロの水揚げが、沿岸を走る電車の線路まで並んだこともあります。それもかれこれ30年くらい前の話だけど。でも、俺のなかでは減ったといえばマグロよりサバだね。

勝川 まず消費者が実感ないのは当然でしょう。日本人1人当たりの水産物の消費は2001年をピークに減りだしました。主に価格の問題ですが、そうなると、食卓で魚のことを意識する機会もなくなります。あと、漁師の漁獲能力は常に上がっていて、いままで獲れなかったところで獲れるようになってしまったことも、魚が減った大きな要因です。クロマグロに関していえば、昔は三陸のエサ場で獲っていましたが、マグロがエサを追って散ってしまうので獲りづらい。それが産卵場だとマグロがまとまっているので、待ち伏せしていたら獲れてしまうんです。産卵場で獲れば漁獲量は増えます。でも、資源としては破滅に向かいます。行政機関の発表する漁獲統計の漁獲量がはたして資源を本当に反映しているのか、ということです。

亮輔 勝川先生の言われるように、漁獲量と資源量は別にして考えないといけないと思います。いま漁師をやって12年目ですが、祖父や父の代からみたら、確実に漁獲能力は上がっています。その技術をもってなんとかカバーしているけれど、そこまで必死にやらないと獲れない資源量であるというのは痛感しています。

勝川 おじいさんの船で行っても獲れないよね、いま。

亮輔 おそらく無理ですね。100分の1も獲れないでしょう（笑）

先行きの見えない規制への不安

高松 いまの漁業技術であれば最後の一匹まで獲ってしまうだろうという意識は持っています。海藻などの磯資源の管理なら他者が入らない分、自分たちの利益を守るために漁師のなかで自主規制がかけられる。でもこれが県をまたぐ、国をまたぐとなると、俺が獲らなくても誰か獲るんだろうっていうことを言う人が必ず出てきます。実は資源管理を一番嫌うのは漁師なんです。

生田 漁師にとって最大の価値観って、やっぱり大漁旗なんですよ。これを180度変えて適量で、と言っても意識改革が大変だと思う。

亮輔 これから変えていかなきゃいけないけど、漁獲規制が導入されてから安定した実績に変わっていくまでの不安は確かにありますね。生田さんが言われるように、漁師って獲ってなんぼっていう感覚が根強いので、そのあたりの不満をどうすればいいのか。漁業の現場を知らない行政の人に規制を委ねるのは、現場の身としては本当に不安なんですよね。

勝川 いまの行政でまともな規制の仕組みが作れるかって言えば、それはわたしも疑問です。

亮輔 クロマグロの規制も「一律半減*」とはいうけど、資源に影響を与えるほど獲っている巻き網漁船と、僕らが一本釣りで自分たちの家計を守るために獲っている本数とでは、雲泥の差がある。そこを一律半減で片づけられると……。巻き網の漁獲能力は高くて、マグロが獲れなくても、イカとかサバを売ればメシが食える。僕らみたいに決まった時期にクロマグロだけやってる人とでは差があるのに、そこを一緒くたにされちゃうんですよね。

片野 実は漁業先進国のノルウェーではそうじゃないんですよ。資源が少ないときは小型の船の漁獲枠を減らさないようにして、大きな船ほど減らすんです。一律半減じゃない。資源が増えてきたら、逆に大型船のほうの枠の比率を増やすんです。だからクロマグロみたいに資源が少なくなっている魚について当てはめれば、一本釣りの漁獲枠に関してはほとんど変わらず、横ばい。その代わり、大型船は大幅に減らします。ノルウェーのやり方なら亮輔さんが言っているような不安はなくなりますよね。

亮輔 まったくその通りですね。

生田 なんで日本はやらないんだろうねって話。聞いただけでも納得できるのに。

亮輔 なんでやってくれないんですかね……。

勝川 基本的にいまの日本で資源管理可能なのは、アワビとか海藻とかの小規模の定住性資源だけ。いま獲らなくても、後で自分たちが獲れるからです。その小規模定住性資源の成功例だって全部うまくいっているわけではないし、わたしの肌感覚だと成功しているのは5分の1……いや、10分の1くらい。いずれにしても遊泳性のものに当てはまりません。

高松 範囲が広くなればなるほど、管理のもとで規制をかけないと資源が復活しないだろうと思います。でも漁業者自らができる話では到底ない。国であったり道府県であったり、国際社会の枠組みのなかで漁業管理しなければ、と考えます。

勝川　大規模な回遊性の資源に対して話し合う場もないんだから、みんなで決めましょうなんて不可能。漁場も多岐にわたるので、禁漁期を決めましょうというのは成り立ちません。それぞれの漁業に対して漁獲上限を設ける以外の方法では回遊性の資源は管理できません。この件については世界的に議論されて結論は出ています。小規模定住性資源は地域に漁業権を与えて、それ以外についてはIQ（漁獲枠の個別割当）を実施する。それしかない。多かれ少なかれ、ほかの国はそうなっているのに日本は全然その方向に向かってない。実際、研究者の間でもコンセンサスがとれていません。

＊　中西部太平洋まぐろ類委員会の２０１４年年次会合で、２０１５年からクロマグロ未成魚の漁獲量を２００２〜２００４年平均の半分に削減することが決まった。

メディアの怠慢と、求められる政治家の資質

高松 小規模定住性資源の成功例はある。獲り方も知恵出し合ってやれる。それがなぜ国になったらできないのか……。

勝川 日本はその小規模な成功事例を持ち出して、管理がうまくいってるように言います。そうした例外的な成功事例しか報道しないメディアも悪い。青森県大間のマグロだって、たまに獲れたニュースを流すでしょ、すると消費者はいつも獲れてるんだろうなって思ってしまう。全体像が一般の人に伝わらないんです。基本的にメディアの人たちが漁業のことを全然知らないから、行政が発表した通りのことをそのまま記事に書いてしまいます。たとえば、2012年にクロマグロの資源評価が大幅に下方修正されたとき、海外のメディアは危機感を持って報道しました。ところが日本のメディアは「ちゃんと管理したら3・6倍に増えるらしいです。朗報です」って報道したんです。どんなに悲惨な状況でもいいところだけ流せばうまくいってるように見えてしまう。これでは戦中の

大本営発表と同じ。情報がほかで入手できなかった戦中と違って、いまはいくらだって裏が取れます。行政が言ったことを鵜呑みにするのではなく、自分たちで調べれば事実が報道できるんです。メディアの怠慢です。

高松　気が回らない報道もありますけど、一般の方は「漁業規制が地域経済に与える影響」って言われたら、それに意識がいってしまって、資源問題にまで頭が回らないですよね。政治家にしたって、一本釣りの漁師も大型漁船の漁師も同じ選挙民として票を持ってるんだから、触れたくないっていうのが本音。やはりしがらみがない政治家じゃないとダメだと思います。

生田　確かに政治家の資質は大きいですね。アイスランドにしてもニュージーランドにしても、政治家が理念を打ち立ててトップダウンで規制を決めました。日本には、10年後、20年後の水産業界を見据えて、いまは苦しいかもしれないけどっていう政策を果敢にやっていく政治家が欲しい。

勝川　ニュージーランドの場合は与党も野党も選挙の公約に漁獲規制を掲げて選挙を戦ったから、どっちが勝っても政治的に改革されたのは当然です。ノルウェーにしても世論がきちんと規制すべき、の機運を高めていたから政治家が動けた。そんななか、日本のように世論もなしで政治家がイニシアチブ握って動けっていうのは難しい。世論を盛り上げていって、乗っかってもらう仕組みを作らないと政治家も動けないのかなって。

片野 政治家が覚悟をもって意思決定するための情報が十分でないというのが大きな問題ですね。これまでいろいろな方から「話を聞きたい」と呼ばれていますが、我々としては海外の正しい成功例を最終的に意思決定する人に提供していくことが、国益になると考えています。政治家がやろうとしても変化の取り入れに消極的な人たちが根回しして潰そうとすることがあります。しかし、すでに何人もの政治家が、海外との比較事例をもとに、これまでの資源管理に関する情報には重大な誤りが多く含まれていることに気づき始めています。改善の必要性を考えている人は少なくありません。必要なのは継続的な発信です。

勝川 世論を作る上で一番の問題は、誰が漁業の現状や解決策を国民に知らせるのか、ということです。欧米諸国では環境ＮＧＯが情報発信力を持っていて、彼らが漁業の問題を、時にはオーバーに言うこともあるけど、国民に教えるわけですよね。そうやって世論を喚起して、現場に規制が入る。いまは成功しているノルウェーやニュージーランドも、最初は大反対だったんです。俺たちの生活を破壊するのかって。でも「量より質」の考え方で規制が入って、5年もしないうちに漁業が儲かるようになると、両国で「え、日本って漁獲枠ないの？　それはダメだよね。信じられない！」って言われる。オマエらも最初反対してただろって思うんだけどね。漁獲規制があることで自分たちが儲かるなんて経験をしたことがないわけだから、想像するのが難しいのかなって。でもいまは海外に成功事例がいくらでもあるわけだから、そういうものをきちんと勉強して、日本も舵を切っていかなくては。漁業が衰退しているのは日本だけで、海外の先進国はそうではないし、漁業を成長産業にするのは政策の問題であって、やろうと思えば明日からでもできることなんだよってことを多くの人に知って欲しいですね。

生田　先日、第一次産業についてのディスカッションをやったあとに「みんな根っこは一緒なんだね」っていみじくも言ってきた人がいた。要するに農業も漁業も、ある程度勉強していれば問題点も解決策もわかっていて、結局は既得権との戦いになってくるってことなんですよ。

ビル 確かに日本は既得権を持ってる人の立場が強すぎます。変化を好まない国民性もある。でもアメリカでは漁師自身が関心を持って努力したり、政治家や行政ともやりとりして幅広く話し合っていることが結構ある。日本ではどうもあまりさわりたくない、変化したくない、声をあげたくない、そんな傾向が漁業規制の邪魔になってると思います。

生田 日本人独特なんだよね。ほかの人と違うことやると、ムラのルールに従ってないってことになっちゃう。一本釣りにこだわる高松さん親子なんて、業界ではなに言われてるかわからないよ？　そうでしょ！（笑）。

高松・亮輔 浮いてる親子ですからね（苦笑）。

生田 市場にいる業者だって、こんなに小さい魚を獲っちゃもったいないよなって、個々には言ってるんです。でも片方では「ジャミ（小魚や稚魚）を獲って生活してる人もいるんだから、そんなこと言っちゃダメだよ」ってなる。実に日本人的です。

驚くべき業界自体の狭い視野

片野 魚の輸入業界や国内流通業界も同じですよ。それは魚を資源としてではなく、単に商品と考えているから。担当の魚種だけを見ていて、自分たちの商売には直接関係ないから全体がどうなっているかはよくわからない、というケースが少なくないと思います。もともとイカやサバなどの遠洋漁業や輸入は国内の水揚げ不足を補う商売で、予想が難しい国内の水揚げは脅威そのものなんです。「水揚げが増えないで!」と願う立場の人が多い。資源管理に関する関心は生まれにくい環境です。

ビル 幅広く見たり聞いたりしない、状況を改善しようとしない、狭い考え方の人が業界に多いのは確かです。

生田　我々の会話で当たり前のように出てくるＡＢＣ（生物学的漁獲許容量）やＴＡＣ（漁獲枠）、ＩＱ（個別漁獲割当）だって、築地のなかで「これ、知ってる？」ってアンケート取ったら、答えられる人、たぶん半分以下だと思う。

勝川　半分もいかないでしょ〜。

生田　半分もいかないか。３割くらいか。

勝川　ＴＡＣは3割、ＡＢＣだと1割いかないんじゃないかな。

生田　我々、水産業にかかわる者として、当たり前に話せなきゃいけないのに、それが現実。

片野　欧米では認知度が高いＭＳＣ（水産エコラベル）でも、２０２０年の東京オリンピックに関連して話題になったので以前よりは広まりつつありますが、魚の仕事に携わっていても知らない人がまだ多いですよ。

勝川　日本の場合、そういう情報を得る機会がないですよね。ノルウェーだと漁業者が漁業免許を更新するときに水産資源のテストを受けるんですよ。漁業者たる者、水産資源について勉強して知っておかなくてはいけないよねっていうことなんですね。

生田　へえ！　そんなのあるんだ。じゃ、高松親子にも受けてもらおう！（笑）。

勝川　ほかの国ではちゃんと漁師を教育してるんです。日本の漁業業界には、そうやって人を大事にするっていう視点がないですね。

片野　最近、ノルウェーの漁業者に対して「あなたは自分の仕事に満足してますか？」っていうアンケートを取った結果、船の大きさにかかわらず99％の人が「満足してる」っていうデータが出ました。仲間意識が高く雰囲気がいいこと、仕事の独立性、多様性。漁業への関心、高い収入、それと漁獲枠が決まっているので、計画的なレジャーが組めるというのが主な理由です。資源は持続的になってるし、経済的に豊かだし、小さい船でも毎年よくなってるし、いいことだらけなんですよね。

生田　漁師って本来はいい仕事だからね。

勝川　おれもノルウェーだったら漁師やりたいなあ。

ビル　なんでノルウェーができるのに日本はできないのですか。日本はノルウェーと比べても沿岸が長くて、昔から豊かな資源と豊かな水産業界があるはずなのに。具体的な例でいうと、サバです。なぜ自国のサバを安い海外市場へ輸出して、高いノルウェーのサバを輸入するのですか。なぜ自分たちのサバをもっと評価して、価値がある時期だけ漁をしないのですか。なぜ大きな矛盾をみんなが理解してないのか、行動しないのか、すごく不思議でもったいないです。

勝川　国内調整ができないんですよ、水産行政は。漁業者が嫌がることに行政は手を付けたくないし、業界団体、政治、水産庁、この三角形が三すくみになっていて、誰も自分たちのイニシアチブでは変われないという、どん詰まりになっています。海外の例でも業界主導で変わったところはないし、官僚組織は変化に反対するんです。結局は、外圧、消費者が声をあげてトップダウンで変えないと、変わらない。

片野　変えるのかどうかという話ですよね。意思をもって。

食文化をなくした日本の消費者

勝川　日本みたいに海の中のことが100％わかってから規制を始めましょうなんていってたら、いつまでたっても規制ができないんですよ。1992年の「環境と開発に関するリオデジャネイロ宣言」で、不確実性を適切な規制を怠る口実にしてはいけないということになりました。要するに、わからないなら保守的なアプローチでやろうというのが世界の常識。たとえば車の運転だって、見通し悪かったら向こうから車が来るかもしれないから、スピード落としますよね。見通しが悪いけどそのまま行こうというのはあり得ない。クロマグロの規制のときも、いますぐ規制しなきゃいけないという証拠を示せというけど、そもそも違うんです。規制しないんだったら、いまのまま漁業を続けても大丈夫だと納得させられるような証拠を行政が出すべきです。科学を使って保守的にやれば資源は管理できる。問題は科学じゃなくてそれを使う人間側です。

生田　やはりその「人間」に対して、コツコツ訴えるしかないのかなっていうのが実感だよね。でも消費者の意識改革が一番難しい。

高松　生田さん、あとがないよ～。いまやらないと。いまじゃなきゃダメ。あとね、流通にも問題があります。安い、質の悪い魚が蔓延しすぎている。

片野　安い魚を流通に求めているのが、残念ながら我々消費者なんですよ。消費者自体が、明らかに小さな魚や旬ではない時期の魚を食べちゃいけないっていう意識を持たなくては。

高松　消費者の意識の変化は大事です。まとまった水揚げで価格が下がりだすと、スーパーのチラシにバナナのたたき売りみたいな値段で魚が出て、それに消費者が慣れてしまう。数獲ればいい話なんだって、漁師が言ってしまうんですよね。それがまずい。

勝川　流通まで話し出すとあと本が何冊出るか（笑）。漁業で問題ないところを探すのが難しいくらいで、流通は流通で非常に根深い問題を抱えています。

ビル　1978年にわたしが学生として東京水産大学に行ったときにショックだったのは、食堂に魚のメニューがほぼ置いてなかったんです。先生に、水産大学で勉強してる人に魚を食べさせないと将来は暗いじゃないですかって言いました。消費者意識低下の原因のひとつだと思います。

勝川 でも、消費者がたくさん魚を食べることがいいことなのかっていうと、それよりも食べ方の問題のほうが大きいのかなって思います。うなぎも、90年代以降スーパーで冷凍パックが山積みされてたたき売られ、消費量が増えて日常的に食べるようになった結果、ヨーロッパのうなぎを食べ尽くしてしまった。本来うなぎっていうのはハレの食事で、大事な日に、専門店で食べるものでしたよね。そういう食文化を失ったことが問題の本質ではないのかな。昔って、食べ物は貴重だったんですよ。それが飽食の時代になって変わってしまった。限りあるものを食べているんだということを思い出さなくてはいけないよね。

生田 この問題を考えると平和ボケにつながるね。戦後は食べ物をお腹いっぱい食べられるしあわせを求めて、次に満腹が当然になれば、よりおいしい物を求めるようになる。いまの人たちにとって食糧は簡単に手に入って当然っていう感覚が強いような気がします。

勝川 その当たり前が、当たり前じゃなくなっているのが日本の現状です。よく魚離れっていいますよね。消費者が魚を食べなくて肉ばかり食べるのはけしからんって。でもそうではなく、むしろ持続性を無視した漁業や魚食を続けてきた結果、我々の食卓から魚が消えつつあるのが現実なんです。いまの日本は、魚のほうから離れていっちゃってる。それは消費者、生産者、資源、それぞれの問題だから、みんなで持続的な仕組みを作っていくのが、やるべきミッションだと思っています。

ビル 日本もいまは世界から食糧を輸入できるけど、そのうち世界が厳しくなると非常に困ることになる。せっかく自分たちのまわりの海に魚が豊富にいて、魚を食べる伝統があるのに。食糧自給率を上げることを目指すという目標さえあれば、日本は意外に早く漁業規制を達成できると思う。あとリーダーシップがぜったいに必要。

勝川 日本は漁場に恵まれすぎていて、漁場を守ろうという意識が低いですね。魚がいっぱいいる海って、世界を見てもそんなに多くないんです。地中海だってそんなにいない。日本は寒流と暖流がぶつかるなど条件がよくて、極めて豊富な水産資源があります。これはアラブの人たちが自分たちの土地から石油が涌いてくるのが当たり前だよねって言ってるのと同じで、日本人は海に魚がいるのは当たり前だって思ってる。でも実際は違って、世界でもこんなに豊かな海はないってことに、日本人は気づいていないんです。あと、豊かな漁場の漁業者ほど、資源を守ろうという意識が低い。いくら獲っても魚が涌いてくるって思ってる。ただしそれは昔の漁具を使っていた頃の話。いまの漁具では獲りきれてしまう。その点、昔からやせた漁場の人たちは資源を残す工夫をします。日本は恵まれすぎていて、資源を守る意識が全然育ってないんです。このままでは先はないですよ。

生田　恵まれすぎた不幸ってやつだな。

モチベーションなくして意識改革ならず

片野　大西洋では、魚の投棄を禁止する動きが広がって来ています。１９８０年代、大西洋のマダラが減り始めたのですが、ノルウェーの漁師たちは当時、価値が低い小さなマダラを海に棄てていました。何キロ以下のマダラは、棄ててよいというルールがあったのです。漁獲できる数量は決まっていて、価値の高い大きいマダラだけをもって帰った方が得なので、そうしていたわけですね。でも、大きくなる前の魚を獲って棄てていたら魚は減っていきます。

生田　棄てるって、死んでるやつを棄てるの？

片野　もちろん。で、専門家たちは「小さなマダラを廃棄しなかったら漁業は続けられない」と反対したのですが、大臣は法律で投棄を禁止しました。国が法律で規制すれば、漁業者も工夫をします。小型のマダラが多い漁場は禁漁区にしたり、漁をする場所を細かく区切ったり、網目を広くして小さな魚が獲れないようにしたりとさまざまな工夫をしました。結果、マダラの資源は復活し、現在では年間90万トンもの巨大な漁獲枠をノルウェーとロシアの2国で半々にしています。一方ＥＵは小型のマダラを棄て続けて資源が悪化していましたが、ようやく廃棄禁止の決定をしたところです。政策次第で資源量は大きく変わってしまうんですね。

ビル　アラスカでもそういう問題がありました。規制がないときに無理矢理、資源を潰していました。それが、小さい魚を獲ってはいけないとか、このエリアで獲ってはいけないとか規制ができたことで、漁師が獲り方や網の作り方を改善して、状況がかなりよくなってきた事実があります。いい指摘です。

片野　漁具の開発はすごいんですよ。オーストラリアでもウミガメがかからないようにする工夫とか、規制のかかった魚を獲らないようにするなど、たいていは漁具の開発で可能になる。ちなみに2016年のシーフードチャンピオンは漁具の会社が受賞しました。小さな魚は逃して、大きな魚だけを獲る漁具の開発をした人がイノベーション部門のチャンピオンです。

生田　あのシーフードチャンピオンは投棄禁止の法律から生まれたのか。

片野　投棄問題でいうと、ノルウェーやアイスランドはすでに禁止。EUはいまは一部の魚種はOKですが、2019年までには禁止になることが決まっています。「規制」という目標があるから、新しい漁具の需要が生まれる。となればメーカーは当然開発しますよね。

勝川　モチベーションがあれば現場の工夫でだいたいのことはなんとかなるんですよ。漁師が本気で工夫したら小さな魚を獲らないことなんて技術的にできるはず。でも実際は、獲りたくなかったけど入っちゃったからしょうがないって持って帰ってきちゃう。底引き網だって、船の速さを上げれば網の目の形が変わって小さな魚まで獲れるってこと、漁師は全部知ってるんですよね。

高松・亮輔　まぁ、そうでしょうね（苦笑）。

勝川　漁師が小さいのを獲ったら損する仕組みになれば獲らなくなるし、獲ったほうが得な仕組みであれば獲るなって言っても当然持って帰ってくると思いますよ。

片野　ちなみにマダラでそうした漁獲枠の制限がないのは世界を見ても日本くらいです。行政はいつもあとで検討するって言って、科学的知見が足りないからと先送り。その繰り返しです。

生田　官僚の無謬（むびゅう）性。そんなことといったら俺の天下り先なくなっちゃうからって話だよね。

ビル なんでここに行政の人が参加してないのでしょう？　日本の水産業界を改善すれば、日本全国の沿岸が盛んになる。そうすれば日本の社会的、経済的、精神的、たくさんの問題を同時に解決できるんです。どうしてそれを行政が理解できないのでしょうか。

片野 本当に誰が考えても不思議なことばかりです。海外で日本の資源管理の話をすると、とても驚かれますし、深い関心を示されます。水産資源管理の規制実施に向けて、まずは政治を動かす世論を作るために、我々が一丸となって正しい情報を広めていきたいと思います。本日はありがとうございました。

第3章

世界の成功例から具体的な政策を考える

問題のありかはわかった。
じゃ、どうすれば日本の漁業は
復活できるんだろう。ぼくたちの
未来を守る政策を、具体的に提言します。

1　日本の水産業を復活させるには戦略が必要だ

▼水産業での成長戦略

世界の人口は増加を続けており、魚の需要も増え続けています。日本では「魚離れ」という言葉が聞かれますが、これは世界の傾向と著しく異なります。魚離れどころか、健康志向や寿司、和食ブームなどで魚の消費が増え続けているというのが、世界の趨勢です。

２０１３年に和食がユネスコの無形文化遺産に登録されたこともあるのか、魚食はさらに広がりました。海外の和食レストランは、２０１７年には約11万８０００店。２０１３年と比べ２倍に増加しています。欧州では２・２倍、北米で約１・５倍、アジアでも約２・６倍と凄い伸びです（農林水産省の調査による）。

和食は、寿司、てんぷらといった魚を使った料理が主体であり、魚の需要はますます増えていきます。外食で日本食を食べた人たちが、今度は店で魚を買おうとすることは想像に難くありません。

政府は水産物の輸出を2019年までに、3500億円に増やすという方針を掲げています。輸出の増加は続いており、円安の恩恵もあって2017年は2749億円に達していますが、成功の可否は、価値が高い魚を輸出し続けられる資源管理の仕組みができるかにかかっています。輸出自体は、日本だけではなく、世界的に伸びています。その理由は、魚の需要が世界で増えているのと同時に、価格が上昇しているからです。

▼水産業における日本の強み

日本は国民1人当たりで、魚を世界でもっとも食べる国のひとつです。しかも、約1億2700万人もの巨大な人口と市場を持っています。さらに近くに、人口が多くこれから需要が伸びる可能性が高い、中国や東南アジアの市場もあります。国内外に巨大な市場を持っている産業のポテンシャルが高いことは、言うまでもありません。

海外から買い付けた魚を加工して販売することは、中国や東南アジアでも可能なため、日本の水産品加工は、人件費が安い海外にシフトしてきました。たとえば、ノルウェーの冷凍サバを日本の市場で販売する場合、中国やタイといった国々にいったん搬入され、頭や内臓、骨などが除去されます。日本に輸入されてくる量は、もともとの冷凍原料換算で約半分です。中国やタイの加工賃のほうが、それらの国々からのフレート（船賃）などの経費を計算しても、日本で加工した場合よりも安いのです。

しかしこれらの国々でも、人件費の上昇により、手作業から機械化へのシフトが進んでいます。日本と海外の魚の加工の経費の差は縮まっており、ミャンマーなどより人件費の安い国へとシフトしていっても、価格差が縮まるまでのタイムラグは短くなっています。そうなると、日本での加工が再び競争力を持てる下地ができてきます。食の安全、品質管理、国産志向を考えるとなおさらです。その際に、もっとも重要なファクターとなるものはなんでしょうか。

それは、海外から買い付けられた魚ではなく、日本の魚であるということなのです。日本の魚を、水揚げ地で加工することが、品質とコストの両面でもっとも競争力をつけます。加工した魚を国内外にバランスを取りながら販売していけば大きな「強み」を発揮できます。

輸入の魚は、ますます買付競争が激しくなって価格が高くなり、確保しにくくなってきます。一番あてになるのは日本の魚です。釧路、八戸、石巻、銚子、下関、境港、長崎など、かつて大量水揚げで栄えた港に必要なのは、持続的に獲れる魚です。魚さえ戻れば、食品産業が、そして地域そのものが再び栄えることができるのです。

ここまでの流れが理解できたとしても、大きな疑問が残ります。その日本の魚はどうやって確保していくのでしょうか。「日本では魚が減っているし、漁業は衰退している。将来的にも期待できないのではないのか」と思われる方も多いことでしょう。

そこで、世界にできていて日本にできないはずがない水産資源保護政策の導入を、正しい情報をお伝えすることで、真剣に考えていただきたいというのが第3章の主旨です。魚の資源を回復させて、それを持続的にすることができれば、水産業だけでなく、さまざまな経済の好循環が始まるのです。

▼実例――研究者や政治家の勇気ある行動が流れを変える

北大西洋にいるニシンの系統群のひとつに、通称「北海ニシン」(North Sea Herring)がいます。筆者が北海ニシンについて、オランダの科学者から聞いた話は印象的でした。

「1970年代、北海ニシンは乱獲で激減した。このまま同じように獲り続けてしまえば、ニシンがいなくなってしまうおそれがあった。水揚げが減り、魚価が上がり、漁業者はよりニシンを獲ろうとした。そこで科学者として禁漁を提案し、テレビや新聞社への対応は自分が行った。そのときに参考にしたのが、すでに激減してしまっていた北海道のニシンの例だった。反対はすさまじかったが、1975年から5年間の、事実上禁漁に近い漁獲制限を決定した」

北海道のニシンは、1930年ごろまでは年間50万トン前後の漁獲がありましたが、60年代以降はその100分の1以下に激減し今日にいたります。

いまでは北海のニシン資源は安定しており、オランダ、英国、デンマーク、ノルウ

図 26　北海（大西洋）ニシンの漁獲量の推移

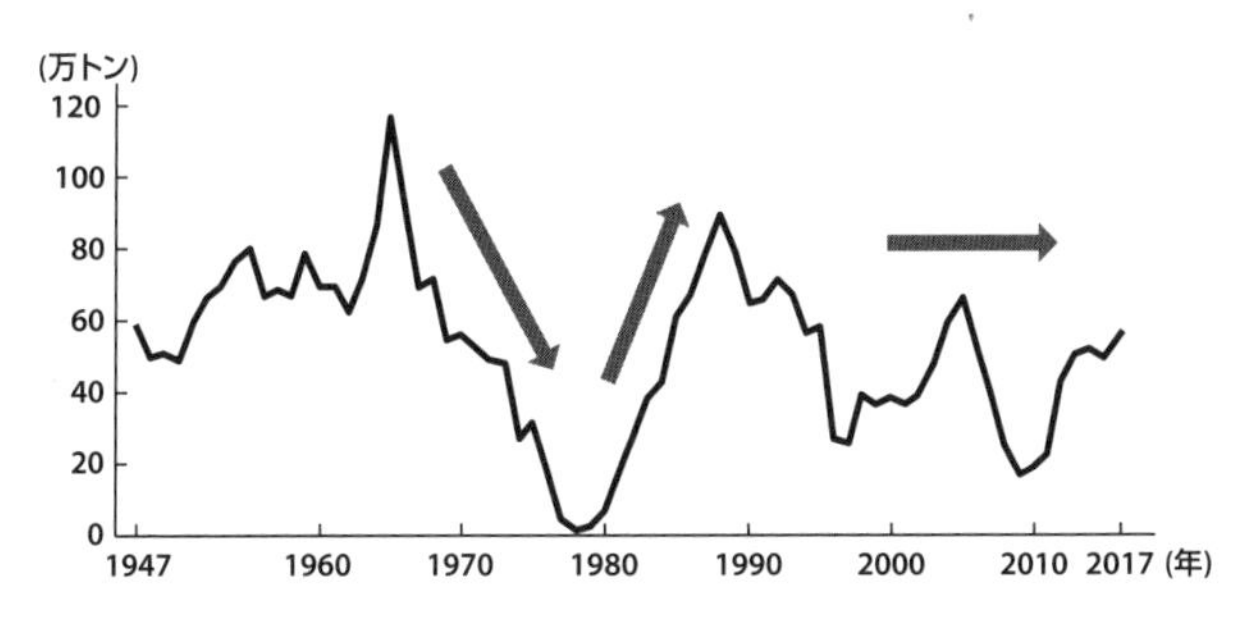

禁漁措置が後手に回らなければ、漁獲量がすばやく回復する好例。
ICES のデータから作成

ェーなどの国で漁獲、加工され、その魚は欧州各地で食用になり、地域経済に貢献しています。勇気をもって禁漁を主張した科学者たちがいなかったならば、今日の北海でのニシンの資源がどうなっていたかわかりません。

おそらく、日本の学者や研究者の中には、すでに日本の資源管理のやり方に疑問を抱いている方は少なくないと思います。ニシンは欧米そしてロシアでは主要魚種です。そして日本とは異なり、漁獲枠（TAC）を設定し科学的に管理することで、資源を持続的なものにしています。ニシンの激減を水温や環境のせいばかりにせず、世界的視野をもって、勇気をもって発言される方々が増えていくことに期待します。

▼実例——投棄禁止断行でノルウェーのマダラ資源を救った漁業大臣

現在、ノルウェーのマダラ資源は過去最高レベルを維持しており、漁獲枠は高水準、水揚げ金額も上昇を続けています（２０１７年には41万トン、水揚げ金額９００億円）。ＥＵのマダラ資源は、資源管理政策の強化でようやく回復してきていますが、両国の政策にはこれまで「海上投棄」に関して、大きな政策の違いがありました。

ＥＵでは近年、海上投棄を２０１９年までに禁止することが決定し、それに向かって動き出しています。ＥＵでは小型のマダラを始めとする底魚を棄てることが認められていました。しかし、魚を大きくなる前に獲って棄てていては、資源状態は良くなりません。

一方、ノルウェーでは１９８７年、当時のビヤルネ漁業大臣がリーダーシップを発揮し、マダラの海上投棄の禁止を断行しました。

図27　バレンツ海（ノルウェー・ロシア）マダラの資源量と親魚量の推移

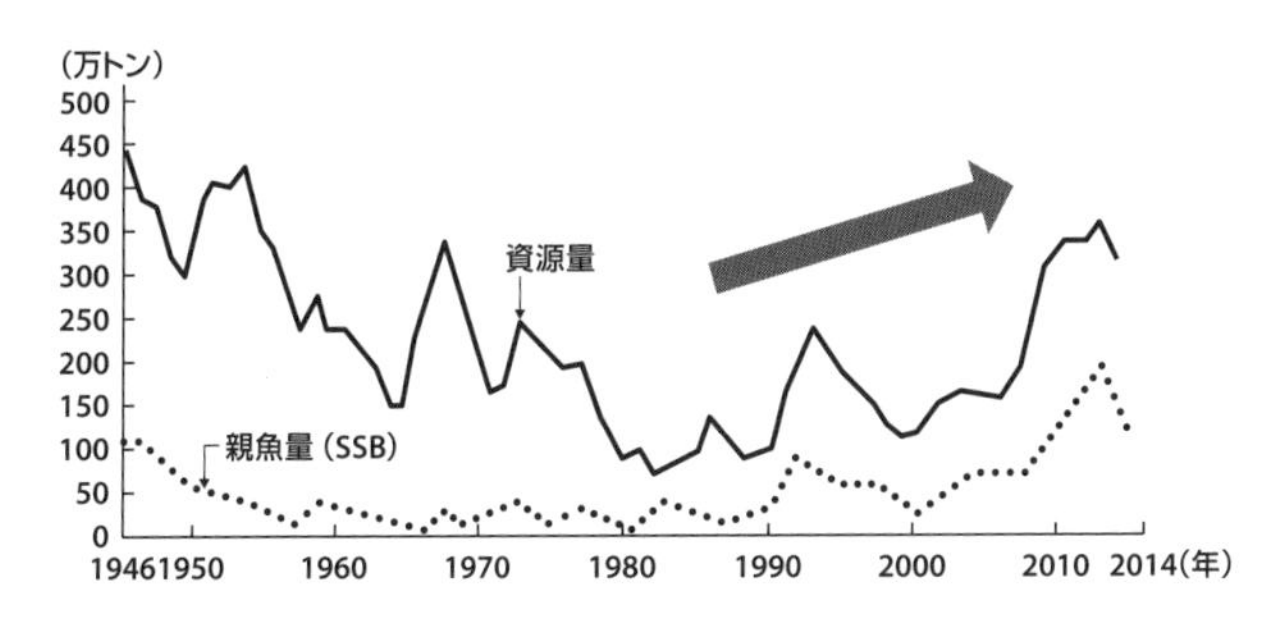

海上投棄を禁止したころをターニングポイントとして、資源量が増加に転じている。
ICESのデータから作成

１９８３年生まれのマダラの資源量は多く、１９８６年には法的に漁獲してよいサイズに達しました。ノルウェーの漁業者たちは、価格が高い大きめのマダラを選別して漁獲枠の消化に使い、小型のマダラは棄てていました。

しかし１９８４年以降に生まれたマダラは資源量が乏しく、１９８３年生まれのマダラを獲るために１９８４年以降生まれの小さなマダラを棄てていれば、将来の資源は確実に悪化します。小型魚の投棄が経済的にもモラル的にも悪いことは、漁業大臣も専門家も漁業者もわかっていましたが、法的に問題がなく、また技術的にも難しかったので、投棄を止められません。そこで大臣は「たとえ施行するのが難しいとしても、小型のマダラの投棄が合法であってはならない。議論は止めて海上投棄を禁止！」とマダラとハドック（モンツキダラ）の海上投棄を禁止、その英断がノルウェーのマダラ漁業を救いました。その後、対象魚種が増え続け、現在は全面投棄禁止になっています。

▼漁業で成功している国々の共通政策

大きくなる前の小さな魚より、価値が高い大きな魚を獲ったほうがよいことも、小さな魚を獲ってしまえば、魚は急には育たないし、資源が減ってしまうことも、漁業者の皆さんは言われなくてもわかっています。しかしそれでも見つけたら獲ってしまうのは、生活がかかっていることはもちろんですが、獲ることをためらう制度がないからにほかなりません。

漁業先進国には、個別割当制度（ＩＱ・ＩＴＱ・ＩＶＱほか）があり、年間（シーズン)を通して漁獲できる数量は厳格に決まっています。このため「たくさん獲ろう!」という概念はなくなり、代わりに「価値の高い魚を狙うことで、水揚げ金額をできるだけ高くしたい」と考えています。獲る量が決まっているのに、小さな安い魚をわざわざ水揚げしてしまうことは賢明とはいえません。

これらの国々では、漁獲枠を、科学的根拠に基づく科学者からのアドバイスに従って決めています。科学者がアドバイスした漁獲数量が少ないと、再調査を依頼することもあります。しかし、最後にはアドバイスに従うのが普通です。それは、最終的にそのほうが経済的にもよいことを理解しているからです。

一方、日本の場合は、基本的に漁獲を漁業者の「自主管理」に任せています。漁業者のなかには、資源量のことを真剣に考えて漁獲量を決めようとする人もいることでしょう。しかしながら、仲間を説得するのは並大抵のことではありません。漁業先進国で、いまなお自主管理のみによって漁獲量を管理しているケースは、これまでに聞いたことがありません。漁業者が決めるルールなので、仮に獲りすぎで魚がいなくなってしまっていても、責任は漁業者にあります。そしてかなり特異な例を除き、結局は資源回復ができないというケースに陥ってしまうのです。

漁業先進国でも、管理が難しいケースはあります。魚はＥＥＺをまたいで回遊するので、自国が管理していても、ほかの国が獲りすぎれば資源が減ってしまうのです。たとえば日本では主に粕漬で食べられる大西洋のアカウオは、資源が激減してしまっています。北欧の公海にある「イルミンガー」と呼ばれる漁場で、ＥＵ・アイスランドほかが漁獲枠を設定しているのに対し、ロシアなども同じ資源に対して独自の漁獲枠を設定して漁獲していることにも原因があるのかもしれません。独自で漁獲枠を決めてしまうパターンは、資源が減少しているときには、特に悪影響を受けやすくなると考えられます。科学的根拠に基づかず、それぞれが自主的に魚を獲る方向になると、数量の設定が甘くなり、自分で自分の首を絞めてしまいます。

2　資源管理の本丸、漁獲枠と個別割当制度導入のための戦略

▼信用性が高いＴＡＣの設定が不可欠

ＴＡＣ（漁獲枠）とは、「次年度以降の資源量に悪影響を与えない漁獲量の設定」と理解していただければよいと思います。生物学的に許容される漁獲数量である生物学的漁獲許容量が、魚種ごとに科学者によってアドバイスされ、ＴＡＣはそれ以下に設定されます。

ＴＡＣの増減は、魚の国際相場に決定的な影響を与えます。たとえば資源調査結果に基づき、アラスカのスケトウダラは、毎年年末にかけて資源量の情報が出始めて、具体的なＴＡＣが12月には発表されます。ノルウェーのサバの場合は、毎年10月ごろに次年度の９月ごろに始まるシーズンのＴＡＣが発表されます。漁業先進国と取引をしていると当たり前のことなのですが、その年の魚の供給数量と魚価の傾向は、ＴＡＣによって、ほぼ決まってしまいます。日本にもすり身などで大量に輸入されている

図 28　アラスカ・ベーリング海スケトウダラの ABC と TAC、漁獲量の推移

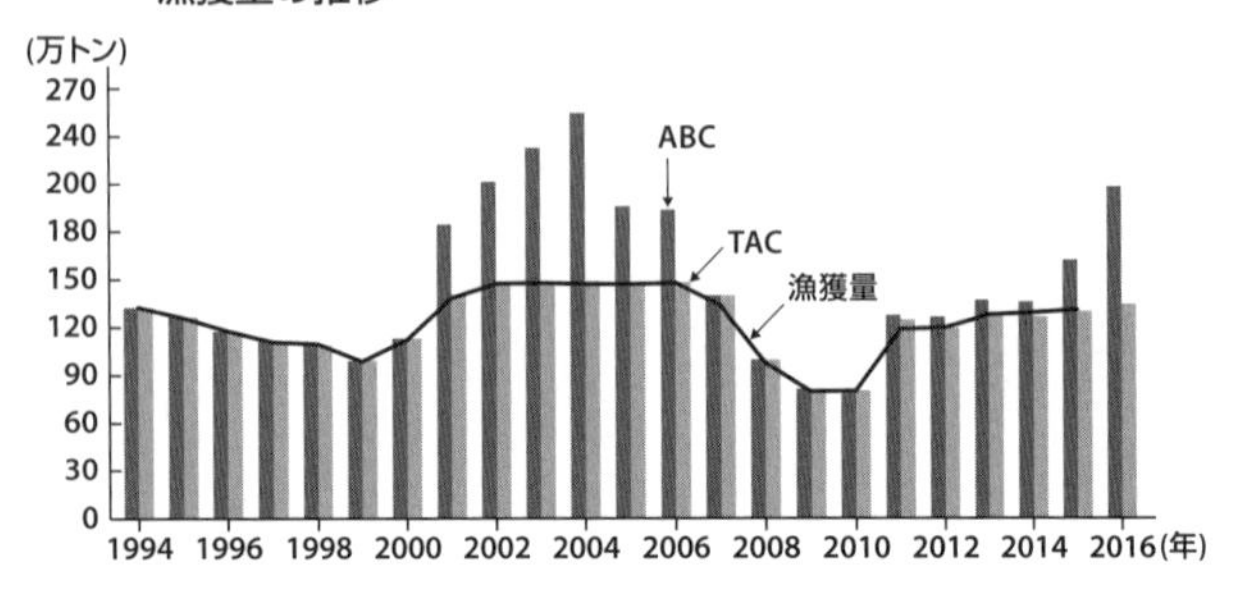

表 2　日本の TAC 設定 7 魚種の漁獲枠消化率（2016 年漁期）

魚種	TAC	漁獲量	消化率	備考
サンマ	264,000	110,827	42%	
スケトウダラ	261,300	132,226	51%	
マアジ	227,800	116,018	51%	
マイワシ	804,000	385,526	48%	増枠1回
マサバおよびゴマサバ	822,000	508,377	62%	増枠1回
スルメイカ	256,000	60,138	23%	

（トン）

TAC は ABC とほぼ同じ。資源状態によっては ABC を下回ることがあるが、上回ることがないよう、慎重に設定されている。出典：みなと新聞
表 2　日本の TAC は大きすぎるため、機能していない。水産庁データから作成

アラスカのスケトウダラのＴＡＣと実際の漁獲量を比較すると（図28）、ほぼ１００％に近くなっています。ノルウェーサバの場合も同様です。ＴＡＣは実際に漁獲できる数量よりも控えめに設定されているため、無理をしなくても達成できるのです。

日本でも、１９９６年に「海洋生物資源の保存及び管理に関する法律＝ＴＡＣ法」が制定され翌年からＴＡＣを決定、それに基づきその年の漁獲量を管理するＴＡＣ制度が導入されました。しかしながら対象魚種は漁業先進国に比べ極端に少なく、サンマ、スケトウダラ、マアジ、マイワシ、マサバ及びゴマサバ、スルメイカ、ズワイガニのわずか7種類しかありません。選定条件は、①漁獲量が多く、経済的価値が高い魚種②資源状態が悪く、緊急に保存及び管理を行うべき魚種③我が国周辺水域で外国漁船による漁獲が行われている魚種（以上、農林水産省資料より）のいずれかに該当し、かつ漁獲枠を設定するための判断材料として十分なデータや知見がある魚種、とされています。こうした条件に合致し、優先順位の高いものを「第一種特定海洋生物資源」とし、農林水産大臣が設定します。

日本のＴＡＣと水揚げの関係を表2に示しました。どの魚種も毎年、ＴＡＣに届いていません。そして、年度内の途中でTACを増やすケースがよく見られてきました。TACは、本来資源管理のための重要な手段のはずです。しかし、TACが増減しても日本の市場は反応しません。TAC通りに獲れることがないので信頼がないのです。TACの設定が緩いと、漁業者からの不満は出にくいのかもしれませんが、資源管理にはほとんど役立ちません。直近（2016~2017年）のTAC7魚種に対する消化率は、平均で5割ほど。ほぼ100％となっている漁業先進国の数字と大きく異なっています。また①②に該当する魚はホッケなど少なくありません。

▼漁獲枠はどうやって設定すればよいのか

日本の場合は「科学的な知見が十分でない」ということがTACの設定を行わない理由として挙げられる場合があります。マダラ、ニシン、ホッケなどは日本ではTAC設定がありませんが、欧米などでは設定があるのが当たり前です。しかも、魚群探知機やソナーといった資源を探索する機械は日本製が主流です。

漁業先進国では、売買の対象になる魚種は、ほぼＴＡＣが設定されています。ノルウェー、アイスランドでは20魚種ほど、ニュージーランドで１００魚種、米国では５００魚種ほど。サバ、アジ、ニシン、シシャモ、ホッケ、カレイ、タラ、カニ、エビ、タラコなど漁業先進国から輸入される天然の水産物で、ＴＡＣで管理されていないものを店頭で探すのは難しいくらいです。海の中で泳いでいる魚の資源量を正確に把握することはできませんが、管理のための手法はあります。実際に枠を設定しながら、より正確で適正な管理もできるようになるはずです。

たとえば、ＴＡＣではありませんが漁獲枠を設定し、個別割当制度を２０１１年から実施している新潟県の甘えびカゴ漁のケースでは、開始当初、資源量に関する十分なデータはありませんでした。そこで、過去5年間の漁獲量で最大と最小の年を除外した、残りの3年の平均値を、漁獲枠のベースにしました。大事なことは、隠れている数字をなくして、全体像が正確に見えるようにすることです。２０１５年に秋田県のハタハタで、漁獲枠と水揚げ量が公表されていても、実際にはカウントされずに別ルートで流れている水揚げがあったことがわかりました。これでは全体像がわかりませんし、適切な管理とはとてもいえません。また、海上投棄も厳禁です。小さな魚を棄てて、それ以外の数字だけを報告するようなケースも同様です。重要なことは、予防原則を適用して、資源に無理がかからない漁獲枠を、まず設定することです。

▼中国もTAC宣言

2016年、中国は水産資源の管理機関を設立し、漁獲量に上限を設けて管理する方針を打ち出しました。中国管轄海域での持続可能な年間漁獲量は800～900万トンとされますが、実際は1300万トン前後の漁獲を行っています。中央人民広播電台電子版の報道によると、現在の中国漁業は「生産能力が過剰で、水産物の品質もよくなく、水産資源の衰退を招いている。断固として漁獲能力の低減を進めなければならない」。いわゆるTAC制度を導入、政府が発行する許可証、検査証、登録証を持たない漁船を排除して減船を進め、漁網の目が細かいなどの違法漁具を禁止。品質、水産資源、環境を重視し、漁獲量を減らし品質を向上させることで漁業者の収入増加を目指すと発表しています。

中国はこれまで禁漁期間を設けるといった「インプット管理」主体でしたが、過剰な漁獲圧力が、東シナ海から魚が消えてしまうほどの水産資源衰退の要因となっています。自国の危機的状況を見て、成功している漁業先進国の方法を取り入れ始めた中国は、水産エコラベル（ＭＳＣ）の取得にも動いています。しかし、自国のＥＥＺ内の資源管理の強化の結果、日本のＥＥＺの外側に中国船が増えるという皮肉な事態が起きています。国別ＴＡＣの設定を急ぎ、対策を講じなければなりません。

▼漁獲枠をどのように個別に配分するか。実例――ノルウェーのケース

もっとも難しいのが、枠の配分方法です。漁業者は、誰もが自分たちへの割当を増やして欲しいと思うからです。日本の行政は関与を避け、「自主管理」の元に漁業者自身に託してきましたが、このやり方では設定する漁獲枠が多くなりがちです。誰も悪くないのに魚だけが消えていく。これがいまの日本の水産業の衰退を象徴していま

す。成功している海外の例として、ノルウェーを挙げてみます。

個々への割当の前に、漁船や漁法ごとの割当があります。人数が多いのはどの国でも、小型の船で沿岸漁業を営む漁業者です。ノルウェーでは、漁獲割当の配分は沿岸の漁業者への割当を最優先します。特に資源量が減少傾向にあるときは、漁獲枠の減少比率を最小限に抑えます。沿岸漁業者の数が減れば、地域は衰退してしまいますし、隣接するロシアとの国境警備もよくないからです。次に中型、そして大型の漁船に割り当てます。

大事なことは、漁船のカテゴリーを超えて漁獲枠を移動させない決まりとすることです。カテゴリーを超えて移動できるとなると、小型漁船の枠が中・大型漁船に移っていき、小型船の数が減少してしまいます。そうなると魚の資源は安定しても、肝心の地域が衰退してしまうというケースが考えられます。小型船は小型船としてそれぞれの地域で水揚げを行うことで、地域に貢献するのです。

資源量が増加したときは、小型船は漁獲できる量が限られていますので、中・大型船に多く配分します。例として、ノルウェーのマダラの漁獲枠の配分を説明します。

漁獲枠は、近場で漁をする沿岸船と、沖合で漁獲する漁獲能力が高いトロール船に分類されています。漁獲枠が10万トン以下の場合は、沿岸船に80％、トロール船に20％の配分です。一方で漁獲枠が30万トンを超えるような豊かな資源状態の場合は、沿岸船に67％、トロール船に33％の漁獲枠を割り当てます。資源が少ないときは沿岸船優先、多いときはトロール船への割当が増えるのです。サバの場合も同様に、資源が少ないときには、小型の沿岸船への配分が優先です。

▼実例――アラスカにおけるスケトウダラ漁獲枠配分のケース

ちくわや蒲鉾の原料になるスケトウダラのすり身は、輸入の約半分がアラスカ産です。スケトウダラ漁は、全米の天然魚の30％を占める米国最大の漁業です。現在の漁獲枠はCDQ（Community Development Quota：地域開発割当プログラム）に10％が割り当てられ、残りの45％を沿岸小型漁船に、洋上の加工船に36％、母船に9％が割り当てられています。CDQの対象はアラスカ西部、ベーリング海から50マイル以内の原住民の共同体で、現在65の共同体が存在し、住民に対する雇用の場の提供、加工場の運営などを行っています。

ＣＤＱは自ら漁業をするだけでなく、シアトルにベースを持つ漁業者に漁獲枠を貸与し、その見返りとしてロイヤルティーをもらうことも行っています。ＣＤＱを持つ共同体が漁業をせずに資金が入る仕組みになっており、多大な資金を蓄積していることから、水産関係者からの不満が根強くなっています。一方で資源管理の成功に起因する資金が、雇用対策などで地方に貢献しています。ＣＤＱは１９９２年にスケトウダラでの導入が最初で、１９９５年にはタラバガニ、ズワイガニ、そしてその他の底魚にも導入されています。日本の離島や地方の再生にも役立つ政策でしょう。

▼カギは個別割当制度（ＩＱ・ＩＴＱ・ＩＶＱ）の導入

漁業先進国がすでに導入している個別割当制度を手遅れになる前に導入させることができるかどうかが、日本の水産資源を復活させるカギを握っています。個別割当制

表3　主要魚種に対する国別の漁獲枠管理

国名	個別割当方式（IQ・ITQ・IVQほか）	TAC設定	備考
ノルウェー	○	○	
アイスランド	○	○	
EU	○	○	
米国	○	○	一部魚種は早獲り方式
カナダ	○	○	
ニュージーランド	○	○	
オーストラリア	○	○	
ロシア	○	○	
チリ	○	○	2013年に大幅改定
韓国	△	△	魚種限定
中国	×	×	2016年にTAC設定を宣言
日本	×	△	魚種限定

度は大きく分けて、枠をほかに譲渡できないタイプをＩＱ（個別割当）、譲渡できるタイプをＩＴＱ（譲渡可能個別割当）、漁船とセットでのみ譲渡できるタイプをＩＶＱ（漁船別個別割当）と呼びます。

１９８０～１９９０年代にかけてニュージーランド、ノルウェー、アイスランドと、今日の漁業先進国の多くで前後して導入、最近ではチリが２０１３年に適用を始めています。国によって運用の違いはありますが、個別割当によって管理しているという基本は変わりません。

たとえば日本や韓国などの漁船が多く操業していたニュージーランドでは、自国の漁業会社がＩＴＱを持ち、その枠を外国船に貸して自国のＥＥＺ内で漁業をさせていました。この方法だと漁業者でなくてもＩＴＱを持って事業を行うことができます。一方でノルウェーの場合はＩＶＱであり、漁獲枠と漁業者が関連づけられているので漁業者でないと漁獲枠を持てません。

国連海洋法において海洋資源は「人類の共同の財産」と規定されています。漁業枠をなぜ個人や企業が所有できるのか、譲渡性がある場合、なぜ無償で得た漁獲枠を有償で販売できるのか、という議論が起きています。資源管理に効果が発揮される一方で、利益が出るようになっていることで不公平感が出てくるのです。

ひとつの解決策としては、漁獲枠に10年、20年といった有効期限をつけて、無期限の利権とさせないことです。ロシアでは２０１９年から漁獲枠の設定期間を従来の10年間から15年間に延長します。また、アイスランドのように漁獲枠の使用料を徴収して、利益を還元させる方法もあります。いずれの場合も個別割当は、実際の漁獲量よりも、大きな枠を設定してしまう日本のようなやり方でなければ、漁業者にとってもっとも有利になる制度なのです。もっとも恩恵を被る漁業者が反対するというのは、は、すでに成功し、その恩恵を被っている漁業先進国の漁業関係者からすると、とてももったいなく見えてしまいます。

個別割当制度によって漁業が効率化されると、漁船が大型化したり、結果として減船になることがあります。ノルウェーでは1969年に北海油田が見つかったため、減船などで漁業者の仕事がなくなっても受け皿があり、結果としてうまくいったという話をする人もいます。しかし同じ北欧で、北海油田の恩恵がないアイスランド、デンマーク、アイルランドなども制度の導入がうまくいっており、立派な漁船が次々に建造され、発展しています。問題の本質は油田の有無ではありません。

ノルウェーサバの資源管理方法について漁業関係者に詳しく聞き始めた際、あまり教えたら日本のサバ資源が復活して、ノルウェーからの買い付けが不要になるのではないか？　と心配されました。ノルウェーにとっては、それほど日本の魚が消えていく原因とその対策は、明白なものなのです。

▼個別割当方式は、漁期をのばす

個別割当制度を導入すると漁期が短くなるという意見があるようですが、逆に長くなります。漁業者は水揚げが集中して魚価が下がらないように、水揚げを意図的に分散していきます。水揚げが分散されると、加工処理する工場に安定的に魚が運ばれてくることになります。すると加工場の稼働日数が増えるだけでなく、加工処理に無理がかからなくなるので、鮮度を落とさずによい状態で加工したり、配送できたりするようになり、店に鮮度がよい魚が安定的にデリバリーされる好循環を生みます。

かつて主流であった米国の「オリンピック方式」（全体の枠を決めて、個々の漁船が早いもの勝ちで獲る方式）では、少しでも早く多く獲ったほうがよいので、漁期は短くなります。ニシン漁などは24時間で終了というケースも見られます。この方式では一度にどっと魚が加工場に運ばれてきます。1日で処理できない量が運ばれてきて、品質よりも処理のスピードが優先されるために、製品の価値も下がります。また、翌日に持ち越された魚は鮮度も落ちます。結果として、食用よりも養殖のエサ用に回る多くなり、水揚げ金額を押し下げてしまうのです。

個別割当制度ではない場合、まとまった水揚げのときは価格が安くなるので、加工場はできるだけたくさんの量を買おうとします。そのためには大量に冷凍処理するための凍結設備や、魚を保管する大きな冷凍庫も必要になります。一方で、安定して日々魚の水揚げがあるわけではないので、多くの働き手が急に必要になったり不要になったりします。魚が獲れなくなるまでがシーズンなので、現場のやりくりは大変です。

一方で個別割当制度がきちんと機能していれば、漁期の短縮化は起こらず、良い品質の魚の供給が増えて魚価が上がるだけでなく、加工された魚の価値も上がる構造になっていくのです。消費者にとっても、旬のおいしい国産魚の供給が増えるので、手が届かなかった高い魚にも、手が届きやすくなります。

▼ITQ（IVQ）で地方は復活する

おそらく現状に対してなにも手を打たなければ、漁村から人が年を追うごとに減り続けることでしょう。手遅れになる前に、個別割当制度できちんと資源管理ができれば、環境要因による変動はあったとしても、まず資源が回復してきます。魚が戻ってくれば地方再生のチャンスが生まれてきます。地域を活性化するためには「地方枠」「離島枠」のような制度があってよいと思います。保有者はその地方や離島に住んでいることを条件とし、漁獲枠自体を貸すことを許可します。そうすれば、たとえ実際には漁をあまりしていなくても、「漁獲枠」を一種の資金不要の補助金として利用し、離島の活性化につなげるアイデアも出てくるでしょう。

米国やニュージーランドでは、先住民に対して別途、漁獲枠を配分しています。ITQのように譲渡性がある漁獲枠を設定することは、漁村の消滅とは関係がないどころか、運用の仕方次第で、逆に活性化の機会となります。

また漁獲枠に譲渡性がある場合、中小の漁業者が消滅し、資金力のある大手のみになるという意見があるようですが、果たしてそうでしょうか？　寡占化を防ぐための方法としては、シェアの上限を定めることです。アイスランドでも、ノルウェーでもシェアの上限があります。また、すでにご説明しているように、大型、中型、小型や巻き網、釣りなど、船の大きさや漁法によってカテゴリーを分け、それぞれのカテゴリーの中で漁獲枠をやりくりして、かつシェアの上限を設ければ、特定の企業や漁業者に寡占されることもありません。さらに漁獲枠の有効期限を設定すれば、より機能するでしょう。

▼実例——新潟・甘えびカゴ漁の個別割当方式

日本の漁業は、50年以上前に主な改正が終わってから、本質的な変更がされていない漁業法によって縛られています。戦後、民主化を目指し、多くの漁業者が独立して現在の姿があります。

しかし時代が変わり、魚が減り、漁業後継者の減少が続いている現在、個人ではなく会社規模にして、漁獲枠をある程度、集約して運用していけば、中小の漁業者の再編が進み、若者が新規に入りやすい漁業会社にしていくこともできることでしょう。資産は資源管理が機能している漁獲枠であり、それを担保に、新造船を作ったり、船の数を集約したりすることで、再び中小規模の漁業者が魚をたくさん獲っていたところの活況を取り戻すことも、やり方次第でできるはずです。

新潟県新資源管理制度総合評価委員会（委員長：小松正之東京財団上席研究員）は、甘えびのカゴ漁でIQ（個別割当・譲渡ができないタイプ）を実施しました。かつては漁船1隻あたりのカゴの数が決まっていましたが、年間の漁獲量に重点を置くことで、漁業者の考え方は変わりました。またカゴの目を大きくすることで小さなえびが入らないようにしました。漁獲量は決まっているので、2隻分のカゴを1隻に集中させれば漁船の数は減らせますし、1隻で交代に漁をすれば休みが増えます。

IQ導入により、えびが大きくなったことが実感できるようになりました。そして導入前の2010年は平均514万円の赤字でしたが、導入後の2015年には312万円の黒字に転換しました。

本来であれば2隻のまま、漁期や漁具など決められたルールのなかでできるだけたくさん獲るのが日本の方式ですが、個別割当による変化と考えられます。小規模であっても、小規模なりの効率化は実現できるのです。

▼新規参入を難しくさせないために

個別割当制度が導入されれば、漁業で新規参入が難しくなるという反対意見があるようですが、果たしてそうでしょうか。

個別割当制度が設定されることにより、新規参入が難しくなると考えられる理由として漁獲枠のコストが挙げられるようですが、政策次第です。確かに譲渡性があるＩＴＱが浸透している北欧でも、漁船よりも漁獲枠の価値のほうがかなり高くなっている場合が多いため、国から無償で枠を割り当てられて漁をしているケースと、枠を買って漁をする場合では、コストが大きく異なります。日本の場合はどうすればよいのでしょう。

まずは漁獲枠配分の際に、新規参入のための枠をたとえば１、２割残しておくことです。そして枠自体に15年、20年といった有効期限を設けることです。有効期限を設けることで、枠の価格が上がり続けることが抑制されます。新規参入の前提は、漁業に将来性があり、儲かることが期待できることです。もっとも、漁船や漁獲枠を手配してゼロから新規参入するのは、容易なことではありません。実際には、既存の漁業者に対する投資であったり、買収であったりすることが現実なのかもしれません。しかしそれも、魚の資源を持続的にする仕組みができての話です。

ロシアでは2015年、新たな船をロシア造船所で建造する者などに対して、TACの20％以内で漁獲割当を優先配分するとしています。漁獲枠に価値がある国では大きなインセンティブとなり、新規参入の機会の可能性も生まれてくることでしょう。

▼漁獲枠を担保に設備投資する

個別割当制度が機能している国では、ITQやIVQといった漁獲枠が資産となります。通常、漁船よりも漁獲枠の価値のほうが高くなるので、漁獲枠を担保として資金を調達することが可能となります。

中長期的には、魚の需要拡大は確実です。漁獲枠の発給は本来、需要の増加に合わせて増えるものではありません。日本のように漁獲枠が実際の漁獲量より常に多く、かつ途中で増えてしまうのもアリでは、紙幣を無制限にどんどん増刷してしまうようなものであり、漁獲枠の価値自体はほとんどありません。漁獲枠＝漁獲量となることを原則とする、漁業先進国と同様な枠の運用になれば、資産価値が高くなります。

ノルウェーは、サバ、ニシン、シシャモなど、魚種ごとに最低価格を設定していま す。魚種ごとの漁獲枠に最低価格をかければ、おおよその水揚げ金額が想定できます。たとえばサバの場合、99％が食用になっていますが、価格が高い食用とフィッシュミール用の2段階に分けて最低価格を設定しています。最低価格を大幅に上回って入札されるので、フィッシュミールではなく、食用の価格を前提に試算ができます。

一方で日本の場合は、個別割当ではないので獲れる数量はそのときにならないとわかりません。食用にならない魚でも見つけたら獲るので、価格も高くなりにくい構造になっています。日本が従来のやり方のままで最低価格制度を設定しても、枠に対する信頼性が低いため機能しません。一方で、漁獲枠と漁獲量が同じになるような控えめな枠の設定にすれば、獲る前の魚を価値ある担保と考えることができ、資金調達に余裕を持てます。

▼ノルウェーのオークションシステムの転用

２００８年に日本で個別割当制度の実施の是非が話し合われた際、４３７億円もの管理費用がかかるという試算が行政から出ました。仮にそれだけの費用がかかったとしても、それ以上に魚の資源が安定すれば、十分ペイするはずです。日本の２０１７年の水揚げ総量は４３０万トンでした。キロ10円、単価を上昇させれば採算が合う金額ですし、そもそも早獲り競争でのチャンスロスは、そんな少額の差ではありません。

実際の運用に、そんなに多くの人やお金が必要なのかも疑問です。ノルウェーのサバやニシンといった青物魚種を扱う漁業協同組合では、年間１５０万トンもの水揚げを約40名で管理しています。現場で検査を行っているのは10名弱。日本は、港や魚種が多いなどの違いがあるにしても、主要な魚種や漁港から始めたり、やる気になればさまざまな方法があります。

個別の漁獲量の管理には、まずはＶＭＳ（衛星通信漁船管理システム）をすべての漁船に搭載し、水揚げとオークションのためのデータは、ノルウェーのサバなどで利用されているシステムを転用させてもらうことを検討します。日本では他人より多く獲ったほうが得なので、競争相手に漁場を伝えるなどという考えはありませんが、ノルウェーのようにネットを通じて漁場を公開する、発想を変えさせるシステムの導入も不可欠です。そして洋上でオークションを行い、水揚げ時には品質確認だけにしておきます。ハード（ＶＭＳ）、ソフト（ノルウェーのシステム）は転用するだけなので、管理のための下地作りは難しいものではありません。

▼ＩＴを使った管理の省力化

前項で紹介したノルウェーのシステムを、もう少し詳しく説明しましょう。漁船に積んだＶＭＳで漁船の位置を管理します。また漁獲した場所、獲れた魚の大きさ、数量は随時、インターネット上で公開されます。洋上で入札が行われるため、正確な情

図 29　ノルウェーの洋上オークションシステム

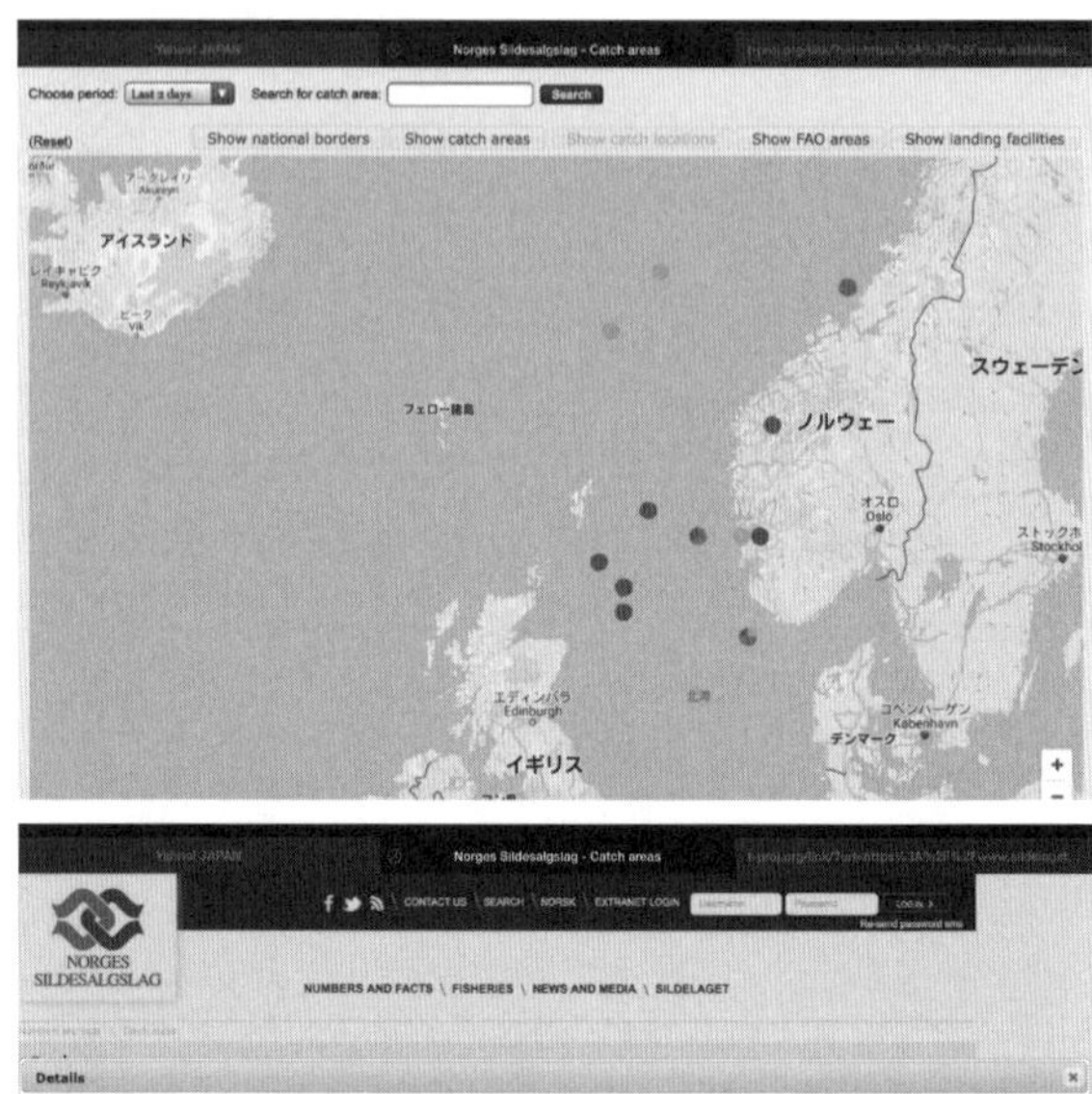

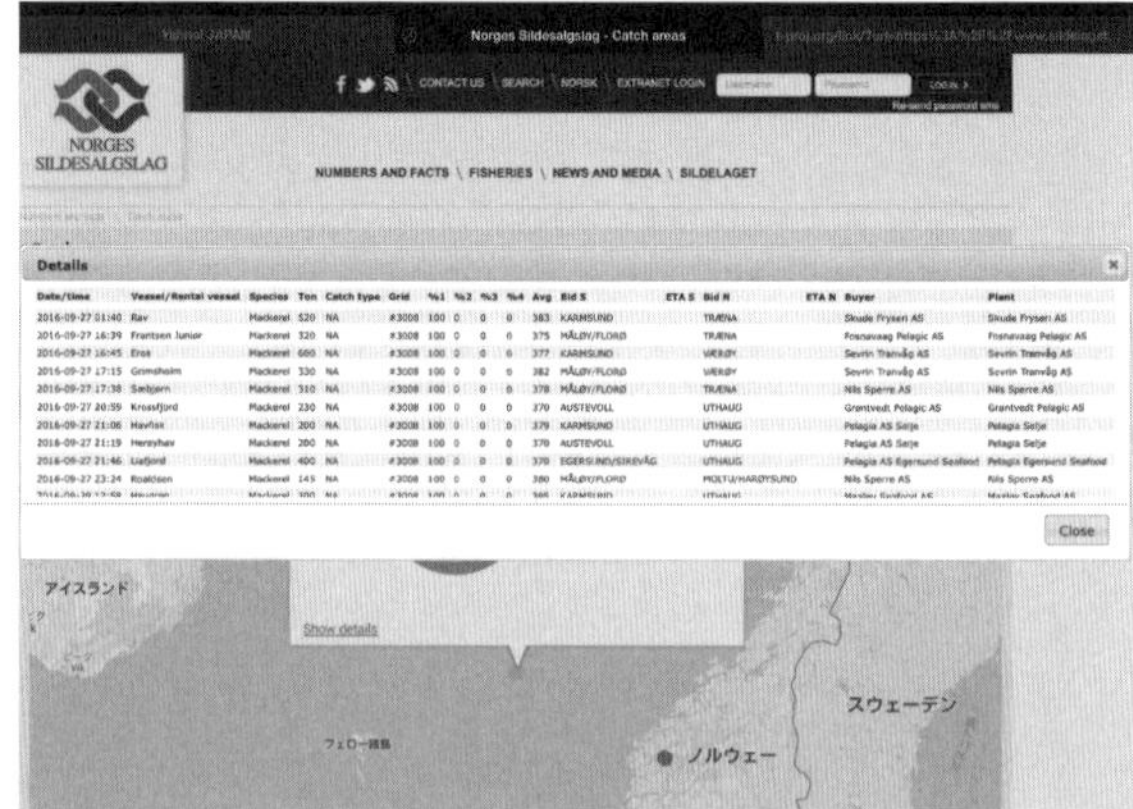

Date/time	Vessel/Rental vessel	Species	Ton	Catch type	Grid	%1	%2	%3	%4	Avg	Bid S	ETA S	Bid N	ETA N	Buyer	Plant
2016-09-27 01:40	Rav	Mackerel	520	NA	#3008	100	0	0	0	383	KARMSUND		TRÆNA		Skude Fryseri AS	Skude Fryseri AS
2016-09-27 16:39	Frantsen Junior	Mackerel	320	NA	#3008	100	0	0	0	375	MÅLØY/FLORØ		TRÆNA		Fosnavaag Pelagic AS	Fosnavaag Pelagic AS
2016-09-27 16:45	Eros	Mackerel	600	NA	#3008	100	0	0	0	377	KARMSUND		VÆRØY		Sevrin Tranvåg AS	Sevrin Tranvåg AS
2016-09-27 17:15	Grimsholm	Mackerel	330	NA	#3008	100	0	0	0	382	MÅLØY/FLORØ		VÆRØY		Sevrin Tranvåg AS	Sevrin Tranvåg AS
2016-09-27 17:38	Sæbjørn	Mackerel	310	NA	#3008	100	0	0	0	378	MÅLØY/FLORØ		TRÆNA		Nils Sperre AS	Nils Sperre AS
2016-09-27 20:59	Krossfjord	Mackerel	230	NA	#3008	100	0	0	0	370	AUSTEVOLL		UTHAUG		Grøntvedt Pelagic AS	Grøntvedt Pelagic AS
2016-09-27 21:06	Havfisk	Mackerel	200	NA	#3008	100	0	0	0	379	KARMSUND		UTHAUG		Pelagia AS Selje	Pelagia Selje
2016-09-27 21:19	Herøyhav	Mackerel	200	NA	#3008	100	0	0	0	370	AUSTEVOLL		UTHAUG		Pelagia AS Selje	Pelagia Selje
2016-09-27 21:46	Liafjord	Mackerel	400	NA	#3008	100	0	0	0	370	EGERSUND/SIREVÅG		UTHAUG		Pelagia AS Egersund Seafood	Pelagia Egersund Seafood
2016-09-27 23:24	Roaldsen	Mackerel	145	NA	#3008	100	0	0	0	380	MÅLØY/FLORØ		MOLTU/HARØYSUND		Nils Sperre AS	Nils Sperre AS

ノルウェーのシステムでは、インターネット上に漁獲した場所、獲れた魚の大きさ、数量がすぐにアップされる。漁場をクリックすると、魚のサイズ、水揚げ量ほか、詳細データが得られる。https://www.sildelaget.no/en/numbers-and-facts/catch-areas.aspx

報を買い手（水産加工場）に提供することが必要です。報告と水揚げした魚の大きさや数量が異なるとクレームが発生し、信用を失ってしまいますので、サバでいえば平均重量で申告と1尾10グラム以上違うことはまれなほどです。

海上投棄を防止するためには、カメラを設置すればオブザーバーを載せなくても不正はある程度防げます。また小型魚の投棄を防止するために、凍結設備を持たない漁船には選別機を搭載させないようにしています。

また位置情報がわかるＶＭＳは、禁漁区の管理や海難事故対策上でも有効です。

▼地元の人に活躍の場を作る

日本は漁港の数が非常に多く、全国には９６６の漁業協同組合があります（２０１５年現在）。その7割は事業利益が赤字です。

沿岸の資源に関しては、漁業協同組合による管理がひとつの方策のはずです。漁協に漁獲枠を与えて漁船への配分を行う、違反の取り締まりに対して法的な権限を持つ、といった形にすればどうでしょうか。水揚げ金額を増やすことができれば、それだけ組合に落とす費用が生み出せます。人手が不足する場合はボランティアや、地元で引退されている方、学生の皆さんの参加なども考えられると思います。資源管理の重要性が理解されれば、社会貢献のために自ずと参加される方も増えるかもしれません。

▼入目の管理をどうするか

ノルウェーではサバやニシンなどの水揚げの際、厳格に重量を計量する装置が冷凍加工場に設置され、漁獲枠通りの水揚げを漁船ごとに行わせることが徹底されています。資源管理において必ず問題になってくるのが「入目（いれめ）」（オーバーウェイト）です。

入目とは、水分や傷物などを考慮し、表示の重量より少し多くの魚を入れて販売することです。たとえば、ケース当たりの販売重量が15キロ、実際の中身が18キロで漁獲枠の報告をするとしたら、実際にはケースごとに3キロもの魚が報告より多く水揚げされていることになります。

同じサバ資源を相互に水揚げしているノルウェー、ＥＵ、フェロー諸島は、水揚げ時の入目を食用で２％、フィッシュミール用で０％と定めています。ＥＵの漁船がノルウェーに水揚げする場合と、ノルウェーの漁船がＥＵに水揚げする場合とで、入目が異なることはありません。サバ、ニシンなどの多獲性魚種は、20キロの箱で凍結される場合が多く、実際の正味重量は２％の入目が入り20・４キロとなって凍結されています。ノルウェーでは、かつて計量器を操作して水揚げを少なく見せていた事件が発覚し大きな問題となりました。英国でも２００５年に漁船と冷凍加工場が、実際の漁獲枠より多く、不正に水揚げしていた事件の摘発まで、計量器の設置を拒んできました。しかしながら工場の閉鎖や巨額の罰金などの厳罰処分が断行され、現在では漁業に関連する規則はしっかりと守られています。

▼国民を出資者にして監視してもらう

日本で乱獲が放置されてきてしまった原因の一つに、漁業や水産業への国民の関心が低いことがあります。一方で魚に対しての関心はとても高く、事実を知ると多くの方々が反応されます。そして、海外の成功例を見習い現状を変えるべきと、ほぼ全員が理解されます。そこで、資源管理に関心を持つ方々を対象にした「水産資源保護債」のようなファンドを立ち上げます。

資産の元となる担保は海の中を泳いでいる魚の漁獲枠です。漁船にはＶＭＳやＡＩＳ（自動船舶識別装置）の搭載を義務づけ、ＩＣＴを使ってその日のうちに正確な水揚げ数量を報告してもらうようにします。

ファンドの配当の原資は魚です。資源管理のために水揚げを制限する分をファンドで補てんし、資源が回復して水揚げ金額が増えたら、その中から配当するのです。これまで通り小型の魚を獲ってしまったり、一度に集中して水揚げして大漁貧乏になったりすることは、出資者が許しません。

▼資源管理を効率化する方法

アイスランドではＩＴＱ化されている個々の魚種を、マダラに置き換えたら何トンという形で数値化しています。漁業者によって、タラ類やカレイ類といった底魚を主体にしたり、ニシンやシシャモのような浮魚類を主体にしたりと、それぞれ得意とする分野があります。そこで漁業者間でたとえばマダラとニシンの漁獲枠を交換して、お互いに効率のよい漁業をしていくのです。

個別割当制度を実施している国では、それぞれの魚種はアウトプットコントロールを主体にして管理されています。このため、漁期や漁具よりも、魚種とその主な系統ごとに、水揚げがどれだけの数量であれば資源が継続的に維持されるかを重視して管理されています。主要魚種の漁獲枠と消化状況はインターネットで公開されています。

系統とは、同じ魚種のさまざまな魚の群れのことです。たとえば大西洋の北海を泳いでいるニシンでも、春にノルウェー沿岸で産卵する群れ、夏にスコットランド沿岸で産卵する群れ、冬にアイルランド沿岸で産卵する群れなど、系統ごとに別々の魚種のように行動します。からだの大きさや卵の歯ごたえ、色、大きさなど、品質も微妙に異なります。

これらのうち、日本向けになる数の子を取り出せる品質の卵を持つのが、アイルランド沿岸で産卵するニシンでした。２０００年ごろまでは、毎年２０００トン前後の数の子をニシンの腹から出して冷凍し、日本向けに輸出していました。しかし沿岸に来る産卵直前のニシンを狙い撃ちにして漁を続けた結果、いまではすっかり資源が減ってしまい、日本向けの数の子の数量もゼロになってしまいました。アイルランドの沿岸で活況を呈していた数の子を取り出す仕事は、いまではもうありません。

北海道でのニシンのケース同様、魚が少なくなっても産卵に来る貴重な魚を狙い撃ちしてしまうと、同じ末路をたどることになります。一方でノルウェー、スコットランド沿岸で産卵するニシンの資源はいまでも健全です。日本でも同じマサバやイワシでも系統があります。それぞれの系統ごとにＴＡＣや個別割当制度を実施して、管理することが重要なのです。

4 海外からの協力を得るための戦略

▼海外から投資を呼び込む

日本の海は再生産力が抜群です。皮肉なことに2011年の震災後に漁獲圧力が減ったことで、太平洋の魚の資源が一時的に回復しています。事実上の禁漁が続いた海では「福島の海は海洋保護区と同じ状態」「ヒラメの漁が震災前に比べて4・5倍」などという話があり、「大型魚の比率が増えている」といわれています。マサバやイワシも震災前より資源は高水準です。

貴重な日本の魚なので比率は低くする必要がありますが、たとえば10年間、20年間の期限を付けて漁業先進国からの投資を受け入れるという戦術があります。科学的根拠に基づいた資源管理にすることが絶対条件であり、それに基づかない管理には投資先から警告をしてもらうことが狙いです。CSR（Corporate Social Responsibility：企業の社会的責任）を重視して投資をする企業や、日本の資源管理に関心が高い海外の環境保護団体に出資してもらうのも良いことです。米国ではMonterey Bay Fisheries TrustのようなＮＰＯが漁獲枠を買って、小規模の漁業者にリースしているケースもあります。大事なことは、資源の持続性を最優先にして運用するファンドであることです。

▼海外の科学者を招き入れる

漁業先進国の科学者に、日本の管理方法がどうなのか見てもらうことはとても意義があります。これまでのところ、日本の実態はあまり知られていません。包み隠さずオープンにすれば、強い関心を持たれることでしょう。漁業先進国といえども、現在のようにサステナブルな資源状態にするのには容易ではなく、これまでの苦労とその素晴らしい結果を伝えたいという想いのある学者は少なくありません。

大事なことは、事実に基づいた客観的な視点で資源を評価し、漁獲枠設定などのアドバイスを行うＩＣＥＳ（国際海洋探査委員会）のような機関からの科学者を招き入れることです。そしてその意見や見解を広くオープンにし、国内での議論に反映させていくことです。

▼日本の資源管理を第三者機関に評価してもらう

水産エコラベルで有名な、英国に本部があるＭＳＣなど、欧米を主体に日本の手助けをしようとしている海外のＮＧＯやＮＰＯ（一部会社形態も含む）が増えてきています。現実を知り、そして改善するために、日本の水産資源管理が本当に機能しているのかどうかを、海外の第三者に客観的に評価してもらうことは、とても重要です。

米国の流通・消費者に影響力を持つ Seafood WATCH の消費者向けガイドでは、魚の資源状態が緑（最高の選択）・黄（よい選択）・赤（避けて！）で色分けられており、これまでに５０００万部以上が発行されています。資源の状態を示すアプリもあり、１５０万ダウンロードを超えています。日本の魚の資源状態を緑・黄・赤に色分けしてもらうのもひとつの方法でしょう。

図 30 「Seafood WATCH」のサステナビリティ格付けアプリとガイドブック

左はスマートフォンのアプリで、魚種別に、どこでどのように獲れた魚で、どういう資源状況なのかが一目でわかるようになっている。右は持ち運べるガイドブックで、Seafood WATCH のホームページからダウンロードできる。

ＭＳＣのようなＮＰＯに日本の魚の資源状態が国際的な基準でどういう位置づけになっているのかを、客観的に評価してもらう手もあります。第三者による査定を受ければ、現実に直面し、それを自覚することになるでしょう。重要なことは、現実を知ることではなく、「改善する」ことです。ＭＳＣを取得するためには、金銭面だけではなく、知識面での手助けが必要です。そのひとつにＦＩＰ（Fishery Improvement Project：漁業改善プロジェクト）があります。ＭＳＣは認証に数年かかることがあり、そのためのコンサルタントもいます。ＭＳＣを取得できていなくても、ＦＩＰを取り入れることで、海外では流通業者の見方も変わってきます。２０１６年、東京湾のスズキ漁で、西友が支援するＦＩＰの第1号がスタートしました。

すでに海外からサポートを始めている団体もあります。パッカード財団（ヒューレット・パッカードの創始者の1人、デビッド・パッカードが創設した財団）を始めとする欧米の巨大財閥・企業がそれです。特に米国の場合は、企業の社会的責任として環境部門をサポートしているケースがあります。互いに競争相手でも利害関係者でもなく、水産資源のサステナビリティが共通のテーマになっています。

▼実例——セカンドオピニオンを創設する

ノルウェーには、当局に対してアドバイスを行うノルウェー海洋調査研究所があります。スタッフは750人。活動費の約半分は、貿易、産業、漁業省が資金を拠出しています。ノルウェー青物漁業協同組合のトルグネス氏は、ノルウェー大使館でのセミナーで「この研究所が自立した独立機関であるということを強調したい」、そして「当局に助言するにあたり、当局が好むような助言をするために資金を提供されているわけではない」と言っています。

日本に必要なのはこのようにしがらみがなく、資源管理のためにセカンドオピニオンを言える組織です。国立研究開発法人水産研究・教育機構は、行政とのかかわりが深く、独自の研究や意見が言いにくい形になっているという声が聞かれます。研究者が海外の成功例を積極的に学び、正しいと思うことを自由に言える雰囲気と、プラットフォームの役割をする機関が不可欠です。

▼日本のNGO、NPOに協力を依頼する

欧米と日本の環境NGO、NPOは大きく異なります。そもそも日本独自の、魚に関する環境NGOのようなものは存在していませんでした。一方で欧米では、巨大資本を背景にした数々の環境NGOが存在します。減っていく魚の状態を見かねて、日本でも資源管理を促進させようとするNGOの活動が広がってきています。

たとえば「海の幸を未来に残す会」（代表理事：竹内太一）は、2016年にマルタ共和国で行われた第13回シーフードサミットで、イノベーション部門のシーフードチャンピオンのファイナリストに選ばれた実績があります。シンポジウムを開催するとともに、国内外の資源管理に関する情報を比較、分析そして解説することで、国民に正しい情報を発信し、何をどうすべきかの具体的な提案を続けています。「シーフードスマート」（代表理事：生田よしかつ）は、資源管理に焦点を当てた、独自の検定を行っています。第2章にもご登場いただいた生田さんは著書も多く、ラジオ・テレビなど多方面で資源管理の重要性を訴えられています。

▼流通業に主導的役割を演じてもらう

水産資源を持続的にしていくには、流通業の役割が非常に重要です。魚を獲る人がいて、取り扱う流通業者がいて、それを買う消費者がいます。加工されたり、養殖のエサになったりする魚も多いですが、それらも最終的には流通業者を通して消費者に届けられます。流通業者が特定の魚を扱わなくなれば、その価値は下落し漁業者は困ります。欧米では流通が積極的に資源管理にかかわることで、自分の獲った魚の価値を上げたい漁業者も、資源管理を考えるようになってきています。

乱獲はいけない、小さい魚を獲ってはいけないとわかっていても、なかなかそれを行動に移すのは難しいのですが、経済的な要因が関係してくると漁業者の態度は変わります。日本の市場法では、密漁などでなければ、魚が小さかろうと、旬の時期のものでなかろうと、市場で取り扱われる仕組みになっています。これを改め、メジマグロ（クロマグロの幼魚）は取り扱わないとか、旬の時期だけに販売期間を限定するなどの試みを産地市場に行ってほしいものです。その魚を取り扱う先の量販店や外食産業などに、季節感や旬を伝え、消費者が常においしい旬の魚を食べられるようになれば、魚の消費にも好影響を与えるはずです。それぞれの産地市場の役割も見直されるでしょう。「ひみ寒ぶり」「八戸前沖さば」のように旬を宣言し、季節感を国民に伝えているケースもありますが、これをもっと多くの魚で実行する価値はあります。

それぞれの産地市場の資源管理と、取り扱いしている魚の現状についてランクづけするやり方は、良い意味での競争となります。欧米では量販店を中心に、第三者機関が、扱っている魚が持続的かどうかでランクづけするケースが増えており、商売上はもちろんのこと、CSRでもとても大切な役割を担うようになっています。日本でもすでに始まっていますが、これを脅威ではなく、機会ととらえることが重要です。

▼消費者にもできることがある

消費者が買わない魚は価値がありません。資源管理について関心を持っていただく方は増えてきていますが、SNSなどで「消費者はどうしたらよいのでしょうか?」

という質問をよく見かけます。

Seafood WATCHでは、「店で、売られている魚の資源状態について、とにかく聞いてみて！」というアドバイスをしています。日本では魚の資源状態を考えながら販売しているケースはおそらく少ないと思います。実際に同じ質問を何度も受けることで、店の仕入部門そして管理部門に、質問が届くようになります。質問に答えるために、調べてみることで問題を店側が認識をするのです。

２００７年に日本経済調査協議会の高木委員会が「魚食をまもる水産業の戦略的な抜本改革を急げ（緊急提言）」を提言して以来、消費者や末端の流通業界では、変化が起きています。インターネットやＳＮＳ、海外と日本を比較して問題点を明確に打ち出している書籍の数も増えています。消費者の質問が、流通を動かし、ひいては国の政策にも影響を与える原動力になっていくのです。

5　魚を通じての近隣国との共存戦略

▼国別のTAC設定を急げ！

自国の資源管理方法の問題と、EEZの外側で中国、韓国、台湾などが漁獲して資源量に影響を与えてしまう問題を混同してはいけないという話は第1章でもしました。しかしながら、同じ海域の魚を、国ごとの漁獲量を決めずに獲り続けることは、非常に危険です。日本が大きくかかわった例ではベーリング海のドーナッツホールでのスケトウダラ（17ページ参照）ですが、他国間でも、南米チリ沖のアジ、北欧イルミンガー海域のアカウオなど、公海の資源が激減した悪い例があちこちにあります。

魚はEEZをまたいで泳ぐので、漁業をする国々の資源管理に関する協力はかかせません。世界で起きた事例を総合すると、公海、つまりEEZの外側での漁業パターンは①好漁場が発見される②各国の漁船と漁獲量が増加していく③魚が減り始めた後、急激に資源が減少していく、です。③の魚が減り始める前に、国別のTACが設定されることが非常に重要です。

いざＴＡＣの設定をしようとすると次のようなことが起こります。④特に後から参加した国は、制限しなくても魚は多いと主張。ＴＡＣ設定の話し合いのテーブルに何年もつかず、漁獲実績をあげようとする⑤数年後、実績をあげた後に、ようやく交渉の場につくようになる⑥最初から漁をしていた国と、後から参入した国との間で、ＴＡＣの配分について合意が難航する。納得しないと独自のＴＡＣを設定する⑦最悪の場合、資源を獲り尽くしてしまい、ほとんど魚がいなくなってしまう。

サバ、サンマなどは本格的な漁獲シーズンになると、魚がＥＥＺに入り他国が獲れなくなることで、いまのところ日本の水産資源はなんとか守られていきます。しかしＥＥＺの内側に入ってしまう前に、できるだけたくさん獲る技術は進歩しています。

▼サンマ・サバ・イワシなどは国別ＴＡＣの設定が不可欠

２０１７年のサンマ漁は８万５０００トンと半世紀ぶりの凶漁で終了しました。マ

図31　サンマ漁船の例

斜めに長く突き出しているブームには、びっしりと集魚灯がつけられている。これは日本の漁船だが、中国漁船にはもっと強力なあかりをつけているものもあるという。
写真：五歩／PIXTA（ピクスタ）

スコミは、煌々と強いあかりを灯す台湾、中国といった国々の大型漁船が、サンマが日本に来遊する前に獲ってしまうために漁が悪くなったのではないか、と取られるような報道をしていました。確かに来遊前に、どんどん獲られてはたまりません。しかし２０１７年は日本船だけでなく、台湾、ロシア、そして中国も不漁だったのです。

サンマは2年魚です。サバやマグロのように3年以上待って大きくなって成熟してから獲ったほうがよい魚とは性質がやや異なります。過去のサンマ漁の推移を見ると、日本船主体で獲っていた時代でも水揚げの変動があります。サンマの漁法は「棒受け漁」といって、あかりで魚を浮かしてすくい取る漁です。日本では漁獲能力が高いサンマの巻き網漁は許可されておらず、これが、サバやイワシといった他の浮魚に比べて、資源が安定してきた大きな理由と考えられます。

しかしこれまで黄海、東シナ海近辺で漁をし、魚が獲れなくなってきている他国の漁船が、北海道、三陸沖の日本のＥＥＺのギリギリのところで、集魚灯を使って日本では禁止している巻き網でサンマ漁を始めたらと考えると、ぞっとします。サンマの漁場が変わっていくことは、すでに予想されていました。他国の漁の実績が少ない早い時期に、国際交渉を始めていたら、もっと有利な交渉ができたことでしょう。

太平洋のマサバについても同様です。主漁場は北海道の道東沖から銚子にかけて。おそらく震災の影響により２０１３年に大量発生したサバ狙いで、主に中国船が太平洋側のＥＥＺ外側ギリギリの海域に集まるようになりました。２０１４年には20隻だった中国船が２０１６年は１００隻以上。漁獲は同２万トンから14万トンに急増しました。これは震災前には見られなかった状態です。東シナ海近辺で漁をしていた中国船を主体とした漁船が、同海域のサバなどが減ったために、漁場を国別ＴＡＣが決ま洋側に移してきたとも考えられます。

中国では遠洋漁業を奨励し、燃料費を各省から補助しているという背景もあります。日本は２０１６年の北太平洋漁業委員会（North Pacific Fisheries Commission：ＮＰＦＣ）で、マサバの漁船許可数凍結を提案しました。しかしマサバに国際的な資源評価がないため、中国に「資源管理が必要という証明がない」と反論されてしまい、最終的には「漁船の許可数を増加させないことを奨励する」という合意に留まっています。

日本近海の資源は国別ＴＡＣがなければ、今後急速に減少してしまうおそれがあります。日本が、かつて世界中の漁場を開拓していったのと似た事象であり、サンマ同様、もっと早い段階で手を打てていたかもしれないことが悔やまれます。

▼魚の北上によるロシアの動向にも注意

ロシアは２０１５年から20年ぶりに、資源の減少に伴って停止していたサバ漁を再開し、サバ１万５０００トン、イワシの５０００トンの漁業枠を設定しました。２０

17年の漁獲実績はサバ約5万トン、イワシで約2万トンで、最も有望な資源はイワシとされています。サバ、イワシなどはEEZをまたいで回遊するので、それぞれの国が独自に漁獲のやり方を設定すると「共有地の悲劇」が起こります。主漁場は日本のEEZ内であるため、内側まで魚を追って入っては来られませんが、関係国の国際的な合意が遅れることは避けねばなりません。国別TACがない魚は、さまざまな国に狙われているのです。

▼ようやく話が始まった太平洋でのNPFC条約

2015年に北太平洋の漁業資源の持続的な利用を目的とするNPFC条約が発効し、各国が交渉を始めました。しかし後から参加してきた国は実績が少ないので、自国が有利になるよう割り当ての話をするのを遅らせようとしてきます。サンマについては、日本では禁止している巻き網や漁獲効率が著しく高い漁法を禁止しておかないと、実績を積み上げられるだけでなく、資源に悪影響を与えます。同じ漁法をしても、アウトプットコントロールを徹底し、罰則もある漁業先進国の資源管理とは違うのです。国内の魚の管理さえうまくいっていない状況ではありますが、一刻も早く国別のTACを設定し、かつそれを徹底して守らせる国際的な制度作りが急がれます。

大きな、価値のある魚を獲り続けたいというのは、近隣諸国共通の願いです。国ごとの取り決めがしっかりしていないと魚の獲り合いが続き、資源が減って経済的にも厳しくなる悪循環を起こしてしまいます。日本の沿岸諸国と漁獲枠の配分の話をして合意に持ち込むのは容易なことではないかもしれません。ただ、魚を獲り続けたい、水揚げ金額を増やし続けたいという点で利害は一致しているのです。日本の南部や日本海では、漁業問題は領土問題もからみ非常に複雑です。石油を含む海底資源が、どの国のものかという話は譲れないことでしょう。しかし、魚は石油と違って持続的に利用することができます。従って、魚を大きくして獲るようにしようという話し合いに関しては、国家間の話し合いはしやすいはずです。前向きな対話の継続のためには、資源管理の話が一番よいのかもしれません。中国、韓国、台湾、そして北はロシアといった国々も、魚を大きく成長させてから獲ったほうがいいことはわかっているのです。問題は、国別のＴＡＣがないこと、これに尽きます。

▼国別ＴＡＣ交渉時のヒント「おすそ分け戦術」

国別ＴＡＣの交渉時には「おすそ分け」も必要でしょう。日本向けにも多く輸出されている、アイスランドのカラフトシシャモを例に説明します。

シシャモの未成魚は主にグリーンランドの東側やアイスランドのＥＥＺの外側を回遊し、３〜４歳魚になって成熟すると、アイスランドの沿岸で産卵します。卵を持っているため価値が高い「子持ちシシャモ」になる前に、他国に獲られてしまっては困ります。

毎年交渉が行われますが、シシャモの国別ＴＡＣは、アイスランド81％、グリーンランド11％、ノルウェー８％と配分されています。さらにアイスランドはノルウェーに、自国のＥＥＺ内での漁獲許可を与える一方、次のような制限をかけています。

①漁期は10月22日〜２月22日。卵をたくさん抱えていて価値の高い２月末〜３月に

はあまり漁獲させない②漁場を北緯64度30分以北に制限する③許可は25隻まで④交換条件としてアイスランドに、ノルウェーに漁業権があるバレンツ海の底魚漁業の許可を一部、与える。

自国のEEZ内で産卵する魚が、EEZの外側を回遊しているケースは、日本のサンマやサバでも同じです。両国間の枠の交換により、漁船の稼働日数も伸び、かつ乱獲にならない仕組みは、日本でも応用できるはずです。

たとえば、日本のEEZ内でのサバ・サンマ漁を条件付き（罰則規定あり）で認める場合、次のような条件をつけます。

①VMSの搭載義務付け（乱獲防止）②日本のEEZ内での漁獲量の取り決めを行う③漁獲の半分以上を日本で水揚げする（国内産業の保護）④個別割当を受けている漁船に限る（水揚げ集中の回避と品質向上）⑤交換条件として、許可を与えた国での日本船の操業許可。

交渉を伴いますが、やり方次第では、関係国がともにメリットを享受する仕組みもできます。

▼欧州でも近隣諸国の取りまとめは大変だった

国ごとの配分がきちんと実施されている北欧の国々を例にとると「事情が違う！」と思われるかもしれません。しかし、北欧での合意も決して容易なものではなく、毎年厳しい交渉を行い、中にはサバやアカウオなど、合意できていない魚種もあります。日本と違う点があるとしたら、「過去に魚が減って困ったことがあったが、それは乱獲に起因している」という意識があること。資源の持続性についての感覚が違うのです。

冷戦時代、戦争にはならなかったものの、タラ戦争（COD WAR）と呼ばれた英国・アイスランド間のマダラの漁場争い（1958～1976年）は、英国がアイスランドの近海でマダラ漁を行っていたのに対し、アイスランドが領海を4マイル→12マイル→50マイルと広げていったことにより両国で紛争が起きたものです。最後は1976年に200海里漁業専管水域が設定され、終結しました。英国がアイスランドの漁場から排除される形になっていますが、日本が200海里の設定で世界の主要な漁場から出ていかざるを得なかったケースと似ています。いままでは、英国はアイスランドにとってマダラの主要な輸出先になっています。

現在でも、サバ戦争といわれる争いがあります。資源量自体はこれまでのノルウェーとＥＵの資源管理のおかげで豊富なものの、国別の漁獲枠配分をめぐって、ノルウェー、ＥＵとアイスランドを主体とした国々で合意がなされていないのです。どの国も国益を考えてできるだけ多くの配分を、交渉を通じて得ようとします。漁業で成功している北欧でも、その道のりは決して容易ではないのです。

▼ICES（国際海洋探査委員会）の役割

欧州の水産資源に対してはＩＣＥＳという科学機関が、具体的な資源状態を公表し、漁獲しても大丈夫な数量を推奨します。同じ、魚がＥＥＺをまたいで、他の国のＥＥＺに入っても、それはもともと同じ水産資源です。これを国の意向などが入らないＩＣＥＳが科学的に評価するのです。国家間の争いでＩＣＥＳのアドバイス以上に漁獲枠を設定するようになったサバの場合は、欧米での販売に影響が大きい水産エコラベル（ＭＳＣ）が２０１２年に停止されました（２０１６年に再開）。ただし、もともと漁獲枠が控えめに設定されて、資源回復し続けている状態なので、小型のサバを沿岸諸国が争って漁獲している日本近海とは、基本的な部分が異なります。公海を含めた日本の周りを取り巻く海の資源を、真に科学的な根拠を元にアドバイスしてくれる国際機関が必要です。

▼実例――ロシアとノルウェー、バレンツ海での資源管理

ノルウェーとロシアの北方にバレンツ海があります。ここは世界最大のマダラの漁場であり、シシャモ、アカウオ、カラスガレイなども漁獲されています。

両国による資源管理はうまくいっており、持続性が保たれています。代表魚種のひとつであるシシャモ（カラフトシシャモ）は２０１６年禁漁になりましたが、これまでも資源の十分な回復を待って再び解禁ということを繰り返しています。漁獲枠に

図 32　北欧アジの親魚量の推移（SSB）

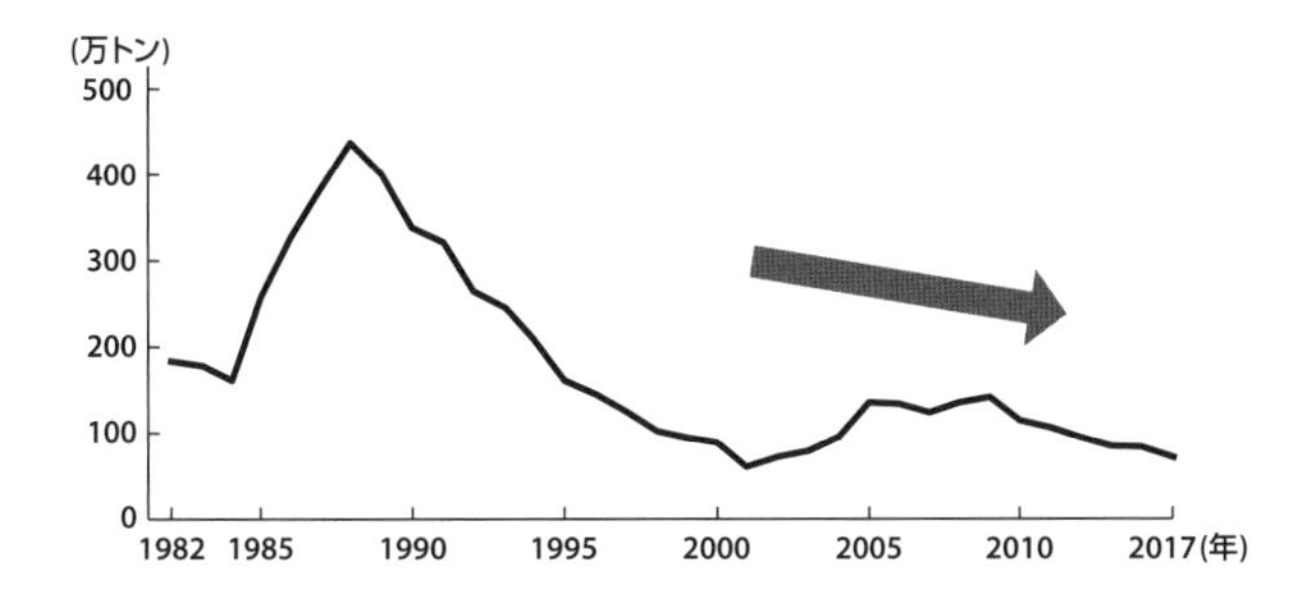

親魚量が激減しているのは、資源にとってかなりよくない状況といえる。
ICES のデータから作成

ついてはそれぞれの国の需要状況に応じて、シシャモであればノルウェー6対ロシア4で、その分ほかの魚種の比率を増減するなど、話し合って決められています。両国で争えば資源に悪影響を与えるだけでなく、マダラなどの販売に大きな影響力を持つ水産エコラベルの認証にも影響してしまいます。

しかし、ノルウェーの漁獲枠設定がすべてうまくいっているわけではありません。脂がのったノルウェーアジは日本で人気がありますが、北欧のアジの資源量は減少しています。どうもアジに関しては、事情が異なるようです。

ＥＵは、ノルウェーが漁獲枠を設定する前からアジに漁獲枠を設定していました。ノルウェーがアジに10万トンもの漁獲枠を突然設定したのは２００９年（同年の漁獲は７万トン）。この年はサバの回遊パターンが変わり、ＥＵはノルウェー漁船のＥＵ海域でのサバ漁獲に対し、漁期の途中で認めないと言い出しました。結果として、この年は唯一、ノルウェー船がサバの漁獲枠を取り残した年となりました。その後ノルウェーはアジに独自の漁獲枠を設定、枠はノルウェーらしくなく、毎年実際の漁獲量を上回る量です。このためアジに関しては漁獲枠が機能していません。最新鋭の大型巻き網船が、ノルウェーの海域に回遊してきたアジを見つけたら獲ってしまう、日本のＴＡＣのようなやり方になってしまっており、これでは資源回復は見込めません。

それぞれの国に言い分はあるのでしょうが、勝手な獲り合いで起こるのは資源の減少で、それは世界のどの海域でも同じです。

6　日本の魚の輸出戦略

▼世界が求めていない魚を獲ってはいけない

日本は、世界中の海で魚を獲り、そして世界中の魚を買い付けてきました。日本人が開発してこなかった好漁場は、世界にないといってもいいでしょう。北欧、南極、アフリカ、北米、南米、アジア……世界中で魚の獲り方、日本向けになる品質管理の指導を行ってきました。いまでも魚の選別は、日本が指導していたものが基準になっていることが多いのです。サバでもアジでも、もともとは日本人が好みのサイズや品質のよい魚を買い付け、規格外の魚は巨大な需要があるアフリカ市場主体に、安い価格で販売されていました。日本人は味や見た目に非常に厳しいのですが、いまでもほかの国々はそこまで厳しいわけではなく、余計に輸出側としては、日本人は品質にうるさいし価格も必ずしも高く払ってくれない、という位置づけになっています。

それでは、海外が求めている水産物はどのようなものなのでしょう。たとえば、日

図 33　世界の水産物の輸出入量の推移

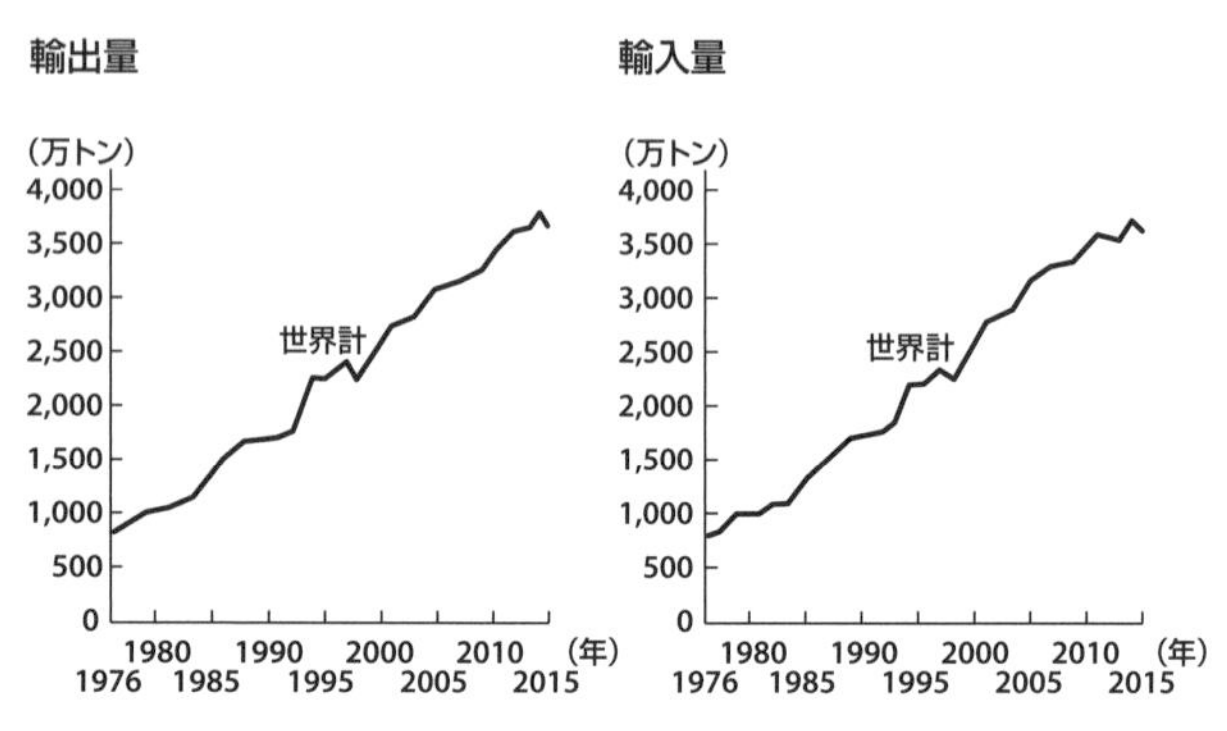

水産物に関する世界の輸出入は数量、金額ともにうなぎのぼり。世界にはまだまだ市場がある。出典：FAO

本からもっとも数量で多く輸出されているのはサバで、2017年は過去最高の23万トンが輸出されました。その主要な輸出先であるナイジェリア、エジプトといった国々でも、求める品質が変わってきています。

10年前であれば価格が安いものが売れていました。しかし、北欧のサバと比較して買い付けてみると、まずは脂ののり具合の違いに気がつくようになります。日本のサバは季節によるバラつきが大きく、品質が安定していません。いくら価格が安くても、おいしくない魚はどの国でも売りにくくなります。

これ以上、日本の魚のブランド自体が低下することは避けねばなりません。脂がのっていない春から夏にかけてのサバは経済的に水揚げしなくなる個別割当制度にすれば、資源、水揚げ金額、地域経済とさまざまな分野に中長期的に貢献できます。

水産物の国際的な取引が大きく増加し、情報が発達、脂肪分何%という客観的なデータも出せる時代です。日本人が食べておいしくない魚や安い小さい魚を海外に輸出するのではなく、魚の資源を回復させて、国際市場でメイドインジャパンとして評価される魚を売れる仕組みにしていくべきです。

▼中国は重要な市場になるのか

中国は13億7000万の人口を抱える巨大市場で、世界一の水産物輸出国です。中国は世界の加工場として、日本そして欧米から多くの冷凍魚を輸入し、各国の指導に基づいて加工して、再輸出してきました。大連、青島など沿岸部には多くの食品加工場がありますが、最初から米国向けにはHACCP（食品製造・加工における危害要因の分析および重要管理点）、ＥＵ向けにはＥＵ・ＨＡＣＣＰと、厳しい輸出基準に準じて工場が建設されています。認可が厳しいＥＵ・ＨＡＣＣＰの認可施設数は６５５（２０１４年）と日本の10倍以上です。ただ近年では、食の安全にかかわる問題がいくつか発生してしまったために、脱中国を模索している企業は少なくありません。

一方で中国の魚の需要は、再輸出だけではなく、自国消費に移ってきています。たとえば２０１６年のノルウェーのサバ輸出は、日本向けが７万トンに対して中国向けが９万トン（推定）です。中国向けは、10年前はほぼ全量、中国で消費されるのではなく加工して日本に再輸出される数量でした。それが徐々に国内での消費が増えてきています。

日本では味醂干しなどで人気が高いカラスガレイは、頭と尾の部分の消費用としての輸入から始まり、いまでは丸のままの冷凍魚を日本と同じかより高い価格でカナダや欧州諸国などから買い付け、自国で消費するようになっています。経済に多少陰りが見えてきて、魚の輸出向けの加工が減少傾向になったとしても、中国国内向けの加工が増えていくのは確実です。加工原料用の魚はもちろんのこと、コールドチェーン

（低温流通体系）が発達し、鮮魚の流通が通関も含めてスムーズになってくれば、日本からの冷凍された魚や鮮魚の需要も増えます。

中国を含む日本の近隣諸国で、魚ごとに国別のＴＡＣがしっかり設定されれば、物理的な距離が近いだけに、洋上で魚のオークションを行い、北欧諸国のように日本の漁船が中国や韓国に水揚げ、もしくはその逆もできるはずです。

▼日本の水産物は、EU向けにすることが難しい

現状では、ＥＵと日本にＥＰＡが結ばれると、ＥＵから日本への水産物には問題がありませんが、日本からＥＵへの水産物輸出はかなり限られてしまいます。ＥＵへの輸出許可（ＥＵ・ＨＡＣＣＰ）を持っている設備が56（２０１７年現在）しかないからです。前述の中国やベトナム（４５８施設・２０１４年）といった国々の工場は比較的新しく、ＥＵ・ＨＡＣＣＰを前提に作られていますが、日本の工場は古く、取得のための投資が進んでいません。政府はこの状況を改善するために、厚生労働省に加

えて水産庁による認可も始め、2019年までには100施設の認可を目標にしています。

またEU市場は、水産エコラベル（MSC、ASC主体）の浸透が進み、資源管理ができていない水産物の輸入は、流通が扱わない傾向が年々強まっています。日本の水産物の認可数は、MSCが日本海のアカガレイと北海道のホタテ貝とカツオの一本釣りのわずか3種類、ASCが宮城県のカキと九州のブリしかありません（2018年現在）。現状は厳しいですが、輸出拡大のためには資源管理に関する考え方を本気で漁業先進国に合わせる必要があります。やる気になれば、できることなのです。

▼世界最大の市場、米国市場への対応

米国の水産物の輸入は、金額ベースで世界1位。日本からは、ホタテ貝、ハマチといった水産物の主要輸出先です。ハマチは主に日本食のすし向けですが、大手の米国量販店の鮮魚売り場では見かけません。米国のウォールマート、ホールフーズといっ

た大手量販店では、水産エコラベルの有無や、Seafood WATCHの3段階の資源評価が広く流通・消費者に浸透しています。そして赤評価になると、売り場から消えていきます。たとえば日本の養殖ハマチは、食べているエサの内容まで見られているので「赤」と表示されています。このような評価が購買にも影響しています。エサも含めた資源管理をきちんと行い、黄色以上の評価を得られるようになれば、新たな市場が広がる可能性があります。

米国でもHACCPの認可がないと輸出できませんが、EU・HACCPと違ってこちらは施設の認可だけであり、かつ公的機関の認証を必要としないため、ハードルは低くなっています（2017年時点の認可数は363施設）。

▼ロシア・東欧市場は、ウクライナに期待

ロシアは、ウクライナ問題をめぐり制裁を科したEU、ノルウェー、アイスランド、米国、カナダ、オーストラリアなどからの農水産物の輸入を、2014年から次々に

禁止しています。自国の水産物の供給増で補う方向ですが、通貨が急落していることもあり、買付競争力は低下しています。

人口4500万人のウクライナはサバ、ニシンなど、価格が高めでも中・大型の魚を輸入していましたが、ロシアとの関係が悪化して経済状況が急激に下降し、ロシア同様に国際的な買付け競争力が低下しています。しかしながら同市場は、サバ、サンマなど日本から輸出できる魚種の市場としてのポテンシャルがあります。魚の大きさや脂ののりなどの品質面での要求もある一方で、良いものにはそれなりに高めの価格が支払われてきました。

世界中どこの市場でもそうですが、高く売ろうとしても、それに見合った品質でなければ受け入れられません。逆に旬の時期の魚だけを輸出できるようになれば、経済の回復が前提となりますが、同市場は受け入れが早いと推測されます。

▼アフリカ市場は今後とも期待大

人口の増加が続き、経済の発展とともに魚の需要が増加しています。特にナイジェリア（1億8000万人）やエジプト（9000万人）などは人口が多いだけでなく輸入の増加が続いており、魚の潜在的な需要もかなりの大きさです。原油価格や観光収入の落ち込みで外貨不足が発生し、買付け力は短期的には低下気味ですが、中長期的には輸入魚に対する需要は大きいものがあるでしょう。

アフリカ最大の需要国であるナイジェリアは、2014年に輸入枠を前年の4分の1の50万トンに削減する輸入制限を開始、輸入業者には国内で養殖事業を始めるよう求めています。ナマズ、テラピアといった魚の養殖を大幅に増やす方針ですが、需要が増加するペースには供給は簡単には追い付かないことでしょう。日本からの低価格な青物類を主体にポテンシャルが高い市場です。

▼東南アジア市場には冷凍加工用原料を輸出

人口増加と経済の発展で、魚の需要は増えています。タイ、インドネシア、ベトナムといった国々は、中国同様に輸入といっても、委託加工用に輸入した魚を日本や欧米に再輸出している数量が少なくありません。安い委託加工賃を求めて、加工拠点を中国やほかの東南アジアの国々から、さらにミャンマーなどに移管する動きがあります。しかし5～10年といった中・長期的な観点で見ると、自国での消費が増えていくことになるでしょう。

またインドネシアに象徴されますが、輸入する魚は冷凍の加工用原料で、量販店でそのまま販売できるような、市販用の製品輸入は避けられる傾向にあります。付加価値は極力自国で付け、利益を取り込みたいと考えているのです。一方で、加工された製品の輸出は奨励されます。東南アジア市場は、主に冷凍水産物の加工原料を輸出する市場としての位置づけとなることでしょう。

7 かしこい補助金戦略

▼収益納付による一時的な補助金を

ＴＰＰの交渉時、アメリカやオーストラリアなどからは漁業に対する補助金をなくそうという提案が出ましたが、最終的には、乱獲につながらないという前提で補助金制度は維持されました。なぜ日本では補助金が必要であるのに、廃止を訴える国があるのでしょうか？　日本は将来、補助金をなくせる時代がくるのでしょうか。

補助金廃止を訴える国々に共通しているのは、漁業がうまくいっていること。だから補助金は不要といえるのです。漁業がうまくいっている国々は魚が潤沢にいて、漁獲量は水産資源を持続的に利用できるように管理されています。

しかし、いまの日本では、水揚げを制限すれば収益が減り、すぐに経済的な問題が発生してしまいます。「水揚げが減った分の補償」が足かせになるのです。そこで有効なのが「収益納付」制度です。

たとえば、ある漁業者の甘えび漁が10トンの漁獲で、単価が平均でキロ1000円、水揚げ金額が1000万円だったとします。資源回復させるために、2割（2トン）の水揚げ削減が必要になった場合、水揚げ金額の減少分を補うために、国は2トン×キロ1000円で200万円の補償を行います。ただしそこには条件をふたつつけます。ひとつは年間水揚げ金額が減らなかったら補償はしないこと。供給が減ると単価が上がり、水揚げ金額が逆に増えることがあるからです。

もうひとつが「収益納付」です。たとえば資源回復計画を5年とします。仮に5年後に資源回復せず、水揚げ金額も減少したままであれば補償はそのまま。しかし資源回復計画通りに回復した場合は、補償された金額を返すというものです。つまり漁業者には経済的な負担がかからず、国も資源が回復すれば、資金を回収できることになります。もちろん、決められた漁獲枠内での漁獲であり、投棄禁止などルールが守られることが前提です。収益納付は、同じ補助金であっても一時的なもので、補助金が戻り、資源が回復するという一石二鳥の戦術です。再び海が豊かになり、資源が回復した分は漁業者にも、地域にも、経済的なメリットが続くことになります。

▼補助金に頼らずに漁船を新しくしていく戦術

日本の漁船は老朽化が進んでいます。指定漁業（大臣許可漁業）の許可を受けている漁船の船齢分布の中央値は20年を超えています。船齢が20年を超えている沿岸漁業の漁船は約８割を占めます。日本の漁船の古さは、北欧のような漁業先進国と比べると顕著です。古い船は設備の能力が低くて効率が悪く、また居住環境もよくありません。将来の予想がつかず、魚が増えるリスクよりも減るリスクが高いと思えば、ただでさえ厳しい財政事情なので、とても投資はできない、という結論になります。

補助金に頼らずに船を新しくする資金を、個別割当制度によって捻出するという手があります。科学的根拠に基づいた漁獲枠は、それだけで価値があります。漁船本体以上の価値となるのが普通ですので、それを担保として融資を受けるのです。しかし現在の日本の漁業ライセンスでは、それがどれだけの価値があるか判断するのは容易ではありません。漁獲枠が決まっても獲れる量がわからず、また来年以降の水揚げの有無も判断が難しいからです。一方で、科学的根拠に基づいた個別割当制度の枠であれば、漁獲枠から融資の可否を判断できる大まかな水揚げ金額、来年の水揚げ予想まである程度、可能です。そして、資源状態の調査結果から中長期的な予想もつけることができるのです。

▼補助金どころか納税する漁業

日本は魚が減って補助金が増えました。一方でノルウェーでは魚の資源が回復して、補助金が事実上なくなっています。どちらがよいかは言うまでもありません。アイスランドの水産学者に補助金について聞いたところ「補助金？　むしろ漁業者は税金を納めるほうだよ！」と即答されたことがあります。実際に、補助金に頼らず最新の漁船と漁具が装備され、水揚げされた魚を近代化された加工場で処理している北欧の現場を目の当たりにすると、漁業者が安定して儲かる仕組みを海外から取り入れ、補助金ではなく、納税して地域に貢献できると思えてくるはずです。

図 34　北欧の最新漁船の例

写真はノルウェーで水揚げ中のデンマークのトロール船。全長 86 メートル、総トン数 4200 トン。船員は 12 名だが、航海ごとに 6 名ずつ交代している。船内はとても豪華で、なんとジムまである。著者撮影

さいごに――国家戦略と意思決定

本書の内容と具体的なデータが、政策決定者の方々が正しい政策決定をするために役立てばと思っています。また行政や研究者、そして学生の皆さんが、事実に基づいて行動するための、勇気を与える手助けになればと思っています。そしてなによりも、多くの方々が消費者として問題の本質に気づかれ、世論を変える原動力になっていただければという願いを込めています。

バレンツ海のマダラ資源が過去最大になっていることについて、ノルウェー海洋調査研究所のオラブ氏は次のように述べています。

「マダラの資源が増えた理由は、気候によるものであろうか、それとも資源管理によるものであろうか？　幸運だったのか、それともやり方がよかったのか？　答えは両方。しかし、適用した資源管理方法が主な理由だった」

魚が消えていく本当の理由は「乱獲」です。人間が魚を獲らなくても、自然環境により魚の量は増減しますので、もちろん環境による要因もあります。しかしながら、本来は乱獲が主因なのにもかかわらず、魚が減ったのを環境のせいにしてしまい、結果として甘い管理で、これ以上魚が消えていくことは避けねばなりません。特に、漁獲によって魚を減らしてしまう力が、増えようとする力を上回っている状態が続いてしまえば、魚が消えていってしまうことは、容易に想像がつくことと思います。

魚を戻せるかどうかは、地方創生も含めた大きな議題です。本書からのパスを受け止め、資源管理政策のための多くのシュートがさまざまな角度から放たれ、消えた魚が戻って、再び活況を取り戻せる手助けになることを祈念しています。

あとがき

「魚はどこに消えた?」を世に出してから3年が経過しました。この間、前作を通じ、さまざまな分野の方々とお会いする機会に恵まれました。同時に、魚の資源管理に関する問題があまりにも知られていないこと、そしてそのことによる社会的損失の大きさを改めて知りました。

しかしながら近年、多くの方が問題の本質に気づかれ、強い関心を持っていただけるようになりました。確実に流れが変わってきていることを実感しております。

米国パッカード財団の方に推薦していただき、香港でのシーフードショーでファイナリストに選ばれ、その後、米国ニューオリンズでサステナビリティの2015年のシーフードチャンピオン(政策提言部門)に選ばれたのは、改革する勇気をもって、世に発信しなさいということだったのでしょう。なお、本書の内容は、筆者の経験と調査をもとに、個人的な見解を述べたものであることを申し添えておきます。

海外では、デンマークSkagerak GroupのChristian Espersen氏、ノルウェーSINTEF（産業科学技術研究所）Jostein P.Storoy氏、Norges Sildesalgslag（ノルウェー青物漁業協同組合）Knut Torgnes氏、アイスランドVSV社Kristgeirsson Brynjar氏、Marine Research Institute Thorsteinn Sigurdsson氏、米国Seaweb Marida Hines氏、日本ではみなと新聞の川崎龍宣氏、東京財団の小松正之氏、対談では生田與克氏、勝川俊雄氏、高松幸彦氏、高松亮輔氏、ビル・コート氏、そのほか、たくさんの皆さまに、そして編集にあたっては株式会社ウェッジの海野雅彦氏にお世話になりました。

最後に、時間があるときは、黙々とパソコンに向かっていた筆者を支えてくれた妻と家族に感謝します。

２０１６年晩秋（２０１８年改訂）

片野　歩

得が難しい。古い設備は建て直しが必要な場合もある。中国や東南アジアの取得数が多いのは、この認証取得を前提に建物を造っているため。

FADs
Fish Aggregating Devices　人工集魚装置。

FAO
Food and Agriculture Organization of the United Nations　国連食糧農業機関。

HACCP
Hazard Analysis and Critical Control Point　食品製造・加工における危害要因の分析および重要管理点。食品を製造する際の工程上で危害を及ぼす要因を分析し、それを管理する手法。

ICCAT
The International Commission for the Conservation of Atlantic Tunas　大西洋まぐろ類保存国際委員会。

ICES
International Council for the Exploration of the sea　国際海洋探索委員会。

IQ
Individual Quota　個別割当。TACで設定された漁獲枠を個々の漁業者に割り当てる方式。譲渡不可。

ITQ
Individual Transferable Quota　譲渡可能個別割当。

IUCN
International Union for Conservation of Nature　国際自然保護連盟。

IVQ
Individual Vessel Quota　漁船別個別割当。漁船ごとに割り当てられた漁獲枠を漁船と一緒に譲渡できる方式。

MSC
Marine Stewardship Council　海洋管理協議会。責任ある漁業を推奨する非営利団体で、水産資源の持続性を守って獲られた水産物を認証している。

NPFC
North Pacific Fisheries Commission　北太平洋漁業委員会。日本、中国、韓国、台湾、カナダ、ロシアが参加、アメリカなどがオブザーバーに。北太平洋漁業資源保存条約に基づき、サンマ、サバ類などの管理について話し合う。

TAC
Total Allowable Catch　漁獲枠。特定の魚種ごとに設定され、資源量によって変動する。

VMS
Vessel Monitoring System　衛星漁船管理システム。

WCPFC
Westren and Central Pacific Fisheries Commission　中部太平洋まぐろ類委員会。

200海里漁業専管水域
漁業のみについて排他的な権限を行使できる水域。1970年代後半から世界の各国で設定され、日本では1977年に設定された。

用語解説

アウトプットコントロール（産出量規制）
TACの設定などで漁獲を制限し、漁獲圧力（漁獲が水産資源の資源量や持続性に与える影響・圧力のこと）をコントロールすること。

インプットコントロール（投入量規制）
禁漁期間や、漁船の大きさ、数などの制限によって、漁獲圧力をコントロールすること。

エルニーニョ現象
太平洋赤道付近の日付変更線〜南米ペルー沿岸の海域で数年おきに発生する、海面温度が平年より高くなる現象。世界中で異常気象を起こし、漁獲量などに大きな影響を及ぼす。

オリンピック方式
全体の漁獲枠を決めて、個々の漁船が早い者勝ちで魚を獲る方式。枠に達したところで漁は終了となる。

公海
どの国のEEZ内でもない海域。世界中の海の7割ほどは公海である。

サステナビリティ
持続可能性のこと。環境や社会、経済などについても使うが、本書ではとくに「水産資源を維持しながら、漁獲を続ける」という意味で使う。

シーフードサミット
毎年1回、水産業界と環境NGOなどが一堂に会し、水産物のサステナビリティーを議論する国際的な会議。

テクニカルコントロール
漁船の性能や、網目の大きさなど漁具の規制で、漁獲の効率をコントロールすること。

フィッシュミール
魚粉のこと。魚を加熱して油分と水分を分離、乾燥させて作る。油分はフィッシュオイル（魚油）と呼ばれ、養殖用のペレットに加えられる。健康食品としての需要も増えている。

レジームシフト
1980年代に提唱された理論。気候が数十年間隔で急激に変化すること。水産資源の分布や資源量など、生態系の変化に対しても使う。

ABC
Allowable Biological Catch　生物学的漁獲許容量。資源評価に基づいて決定される生物学的に許容される漁獲量。漁獲枠を定めるための科学的根拠とされる。

AIS
Automatic Identification System
船舶が使用する無線を利用した、自動船舶識別装置。

ASC
Aquaculture Stewardship Council
水産養殖管理協議会。持続可能な養殖水産物の認証を行っている。

EEZ
Exclusive Economic Zone　排他的経済水域。天然資源や自然エネルギーなどについての排他的権利が及ぶ。1982年に採択された国連海洋法条約に基づくもので、200海里（約370キロ）の幅で設定できる。

EU・HACCP
HACCPのEU版。公的機関の認証が必要なため、HACCPより認証取

[著者紹介]

片野 歩（かたの・あゆむ）

東京生まれ。早稲田大学卒。1990年から北欧を中心に、最前線で水産物の買付業務に携わる。特に世界第2位の輸出国として成長を続けているノルウェーには20年以上、毎年訪問を続け、日本の水産業との違いを目の当たりにしてきた。2015年、水産物の持続可能性（サステナビリティ）を議論する国際会議「シーフードサミット」で、日本人初の最優秀賞「シーフードチャンピオン」を政策提言（アドボカシー）部門で受賞。著書に『魚はどこに消えた？』（ウェッジ）、『日本の水産業は復活できる！』（日本経済新聞出版社）がある。

日本の漁業が崩壊する本当の理由

2016年12月20日　第1刷発行
2018年7月20日　第2刷発行

著　　者　片野 歩

発 行 者　江尻 良
発 行 所　株式会社ウェッジ
〒101-0052　東京都千代田区神田小川町1-3-1
NBF小川町ビルディング3階
TEL 03-5280-0526（編集）　TEL 03-5280-0528（営業）
http://www.wedge.co.jp　振替00160-2-410636
装　　丁　奥冨佳津枝（奥冨デザイン室）
DTP組版　株式会社リリーフ・システムズ
印刷・製本所　図書印刷株式会社